高等院校艺术设计专业"十二五"规划教材

UI设计技法

主 编 郭少锋 吴 博 高 旺
副主编 刘思奇

UI Sheji Jifa

华中科技大学出版社
http://www.hustp.com
中国·武汉

内 容 简 介

本书适合 UI 设计的初学者使用。本书第一章介绍图形用户界面基础，介绍了用户界面的定义和发展概况，讲解了界面设计的原则和设计方法，引入人机界面基础理论和用户体验知识，详细介绍了组成界面的基本要素和控件，通过对本章的学习能了解基础理论和基本设计技法。第二章为桌面软件界面设计实例，所列举的两个实例很有代表性，读者从中能掌握大多数技法。第三章为移动终端界面设计实例，对这个代表未来的设计方向，介绍较多。第四章为游戏界面和写实图标，除了讲解平面游戏界面实例外，还加入了提高高阶能力的写实类图标设计实例。全书编排由易到难，循序渐进，覆盖面广，力求覆盖 UI 设计学科的各个方面，便于读者全面学习和提高。

图书在版编目（CIP）数据

UI 设计技法 / 郭少锋　吴博　高旺　主编. — 武汉：华中科技大学出版社，2013.8 (2022.1 重印)
ISBN 978-7-5609-9358-4

Ⅰ.①U⋯　Ⅱ.①郭⋯　②吴⋯　③高⋯　Ⅲ.①人机界面—图形 - 视觉设计 - 高等学校—教材
Ⅳ.①TP391.41

中国版本图书馆 CIP 数据核字(2013)第 207557 号

UI 设计技法　　　　　　　　　　　　　　　　　　郭少锋　吴博　高旺　主编

策划编辑：曾　光　彭中军
责任编辑：彭中军
封面设计：龙文装帧
责任校对：封力煊
责任监印：张正林
出版发行：华中科技大学出版社（中国·武汉）
　　　　　武昌喻家山　　邮编：430074　　电话：(027) 81321915
录　　排：龙文装帧
印　　刷：湖北新华印务有限公司
开　　本：880 mm × 1230 mm　1/16
印　　张：11.5
字　　数：365 千字
版　　次：2022 年 1 月第 1 版第 7 次印刷
定　　价：58.00 元

主编

郭少峰

他毕业于湖北美术学院，专业为视觉传达，现任某大型软件企业新兴技术业务组群 UI 团队负责人，从事移动互联网产品的交互设计和视觉设计工作。

他曾供职于武汉天喻通讯技术有限公司、苏州技杰软件集团公司，主要从事交互设计和 UI 设计的工作。

吴博

他是中南财经政法大学新闻与文化传播学院艺术系讲师。

电子邮箱：witchlsc@qq.com。

2010 年在电子工业出版社出版教材《COMICSTUDIO 漫画标准进阶教程》；2012 年在清华大学出版社出版《CG 进阶 SAI+Photoshop+Comicstudio 动漫线稿绘制技法》《CG 进阶 SAI+Photoshop 男性动漫角色绘制技法》《CG 进阶 SAI+Photoshop 女性动漫角色绘制技法》三本教材。

高旺

他毕业于湖北美术学院美术教育专业，现工作于荆州理工职业学院人文艺术系，任艺术设计教研室主任。他的职称为讲师，他还是高级广告设计师。他主要担任动漫设计、广告设计等专业教学，2012 年主持完成院级精品课程《短片创作》。

前言

如今，在飞速发展的数字人工制品领域，界面设计慢慢受到重视。UI（User Interface，用户界面）设计被细分为三个层面：图形界面设计（GUI 设计）、交互设计和用户研究。GUI 设计不再被人理解为单纯意义上的美术工作，而是理解为了解软件产品、致力于提高软件用户体验的产品外形设计。其实软件界面设计就像工业产品中的工业造型设计，是产品的重要卖点。一种电子产品拥有美观的界面会给人带来舒适的视觉享受，拉近人与商品的距离，是建立在科学性之上的艺术设计。

本书以图形界面设计为侧重点，由浅入深地讲解了图形界面设计的方法，顺带介绍了一些人机界面基础知识、交互设计知识和用户体验知识，因为这是一个合格的 GUI 设计师必须要了解的。

本书从 GUI 概念和历史开始介绍，继而讲述 UI 设计方法和理论知识。理论结合实际地讲述了 UI 设计的原则。详细地介绍了常用 UI 控件和元素的制作方法和设计准则。接着以不同的显示终端为主线，展开设计实例的讲解，包括桌面软件、移动终端中的手机数字产品和平板计算机数字产品。最后还设置了高阶能力体现的写实图标设计实例。全书是一个由易到难，循序渐进的进阶过程。

GUI 设计和其他的设计分类还是有些区别的，它的特点就是和像素打交道。所有的细节刻画都精确到像素。有很多初学者虽然有设计基础，但是转学 GUI 设计还是遇到很多的适应性问题。而本书最大的特点就是详解每个界面的设计过程，包括每个精确到像素的参数设置都配图说明，实际操作性很强，意味着读者只需要有些基本图形软件技能就能跟着教材的方法进行学习。

最后希望本书能为那些抱有 GUI 设计热忱的读者提供帮助，让我们一起拥抱数字化的美好明天。

本书主要使用 Photoshop 和 Illustrator 软件来进行设计与制作，常常会在两个软件中来回切换。有时会疏忽忘了说明，但是看截图和一些常用名词会分辨得出来。由于编书经验尚浅，不足之处，敬请读者谅解。

郭少锋

2013 年 10 月

目录

UI SHEJI JIFA

本书实例教程缩览图如图 0-1 至图 0-24 所示。

图 0-1　缩览图 1

图 0-2　缩览图 2

图 0-3　缩览图 3

图 0-4　缩览图 4

图 0-5　缩览图 5

图 0-6　缩览图 6

图 0-7　缩览图 7

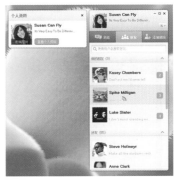

图 0-8　缩览图 8

图 0-9　缩览图 9

图 0-10　缩览图 10

图 0-11　缩览图 11

图 0-12　缩览图 12

图 0-13　缩览图 13

图 0-14　缩览图 14

图 0-15　缩览图 15

图 0-16　缩览图 16

图 0-17　缩览图 17

图 0-18　缩览图 18

图 0-19　缩览图 19

图 0-20　缩览图 20

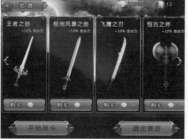

图 0-21　缩览图 21

图 0-22　缩览图 22

图 0-23　缩览图 23

图 0-24　缩览图 24

第一章

图形用户界面基础

TUXING YONGHU JIEMIAN JICHU

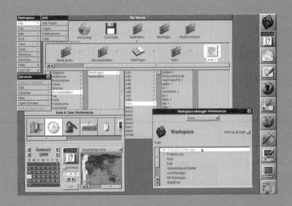

第一节　什么是图形用户界面

图形用户界面（Graphical User Interface，GUI）又称图形用户接口，是指采用图形方式显示的数字人工制品操作用户界面。

GUI 由 Xerox（施乐）首先发明，与早期计算机使用的命令行界面相比，图形界面对用户来说在视觉上更易于接受。

Windows 是以"wintel 标准"方式操作的，因此可以用鼠标来点击按钮来进行操作。而 DOS 就不具备 GUI 的特点，所以只能输入命令。DOS 的这种界面称 CLI（Command Line User Interface） 命令行模式的人机接口。通常人机交互图形化用户界面设计经常表示为"goo-ee"，准确地说 GUI 是屏幕产品的视觉体验和互动操作部分。

GUI 是一种结合计算机科学、美学、心理学、行为学，以及各商业领域需求分析的人机系统工程，强调人—机—环境三者作为一个系统进行总体设计。GUI 的广泛应用是当今计算机发展的重大成就之一，它极大地方便了非专业用户的使用。人们从此不再需要死记硬背大量的命令，取而代之的是可以通过窗口、菜单、按键等方式来方便地进行操作。而嵌入式 GUI 具有下面几个方面的基本要求：轻型、占用资源少、高性能、高可靠性、便于移植、可配置等特点。

这种面向客户的系统工程设计其目的是优化产品的性能，使操作更人性化，减轻使用者的认知负担，使其更适合用户的操作需求，直接提升产品的市场竞争力。

纵观国际相关产业在图形化用户界面设计方面的发展现状，许多国际知名公司早已意识到 GUI 在产品方面产生的强大增值功能，以及带动的巨大市场价值，因此在公司内部设立了相关部门专门从事 GUI 的研究与设计，同业间也成立了若干机构，以互相交流 GUI 设计理论与经验为目的。随着中国 IT 产业、移动通信产业、家电产业的迅猛发展，在产品的人机交互界面设计水平发展上日显滞后，这对提高产业综合素质，提升与国际同行的竞争能力等方面无疑起到了制约的作用。

在早些时候，有一部分人认为图形用户界面设计只是让界面看起来更漂亮、更酷。这种观念是很落后的，现今图形用户界面成为一门独特而重要的学科，它必须与交互设计和工业设计相互配合展开，而不是事后进行的。在现今的数字产品综合竞争力中，用户图形界面是相当重要的组成部分。对于产品的吸引力和效力发挥巨大的效用，不仅因为许多用户会被界面本身而吸引，而且因为图形用户界面是产品设计和用户之间重要的媒介，可以在使用者使用之前传递信息、结构、引导流程、操作暗示、品牌信息等，使用中对用户的行为进行引导完成任务，达成他们的目标，满足他们的情感，所有的一切都是体贴入微地服务用户。

第二节　图形用户界面的发展历史

1. NeXT OS(NeXTSTEP)

1987 年，被苹果抛出局的史蒂夫·乔布斯创立了 NeXT Technology，发明了这个在 1997 年之前在用户友好度方面独霸第一的 NeXT OS (NeXTSTEP)。它的功能甚至比在 14 年后发布的 Windows XP 还强大。1997 年乔布斯回归后，Apple Inc. 买下了 NeXT Software.(NeXT 更过一次名) 为 Mac OS 7 打下坚实的基础。NeXT OS 如图 1-1 所示。

2. Mac OS 6

1996 年初，苹果宣布推出其 High 3D GUI 界面。1999 年，苹果推出全新的操作系统 Mac OS X 10.01 BETA。默认的 32 像素×32 像素，48 像素×48 像素被更大的 128 像素×128 像素平滑半透明图标代替。该 GUI 一经推出立即招致大量批评，似乎用户都对如此大的变化还不习惯，不过没过多久，大家就接受了这种新风格，如今这种风格已经成了 Mac OS 6（见图 1-2）的招牌。

图 1-1　NeXT OS

图 1-2　Mac OS 6

3. Windows XP

2001 年，微软推出了至今还有 3 亿人的客户连的支持 Windows Luna 2D UI 和 X86-64 Wintel 的 Windows XP，每一次微软推出重要的操作系统版本，其 GUI 也必定有巨大的改变，Windows XP（见图 1-3）也不例外，这个 GUI 支持皮肤，用户可以改变整个 GUI 的外观与风格，默认图标为 48 像素×48 像素，支持上百万种颜色。

4. KDE 3

自从 KDE 1.0 以来，K Desktop Enviornment 改善得非常快，也非常迅猛。其 GUI 对所有图形和图标进行了改进并统一了用户体验。KDE 3 如图 1-4 所示。

图 1-3　Windows XP

图 1-4　KDE 3

5. Windows Vista

2006 年尾，微软做出了十年来最大的内核改动。改动的内核称 Windows Longhorn 6900 X64-86 ATiWin Wintel。GUI 进入了 3D 桌面阶段。这是微软向其竞争对手做出的一个挑战，Vista 中同样包含很多 3D 和动画，自 Windows 98 以来，微软一直尝试改进桌面，在 Vista 中，他们使用类似饰件的机制替换了活动桌面。Windows Vista 如图 1-5 所示。

6. Mac OS X Leopard

这是第 6 代的 Mac OS 桌面系统，引入了更好的 3D 元素。GUI 还有大量的动画。Mac OS X Leopard 如图 1-6 所示。

图 1-5　Windows Vista　　　　　　　　　　图 1-6　Mac OS X Leopard

7. KDE 4

KDE 4 的 GUI 提供了很多新改观，如动画的、平滑的、有效的窗体管理，图标尺寸可以很容易调整，几乎任何设计元素都可以轻松配置。相对前面的版本 GUI 绝对是一个巨大的改进。KDE 4 如图 1-7 所示。

8. iOS

苹果 iOS 是由苹果公司开发的手持设备操作系统。苹果公司最早于 2007 年 1 月 9 日公布这个系统，最初是设计给 iPhone 使用的，后来陆续套用到 iPod touch、iPad 及 Apple TV 等苹果产品上。界面优雅直观，很多人第一次上手，就知道怎样使用。苹果一直致力于简单、直观、充满乐趣。在应用的设计方面他们也花费了许多精力使用 skeuomorphic（模仿现实物品）设计取向，让应用看起来更具动态感，这样就会让用户从冷冰冰的科技产品中体验到与应用互动的乐趣及亲切感。iOS 如图 1-8 所示。

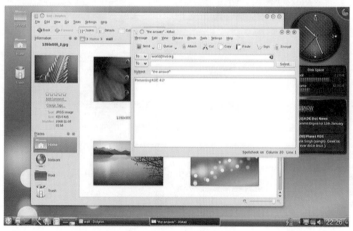

图 1-7　KDE 4　　　　　　　　　　　　　　图 1-8　iOS

9. Android

Android（见图 1-9）是一种基于 Linux 的自由及开放源代码的操作系统，主要使用于移动设备，如智能手机和平板计算机，由 Google 公司和开放手机联盟领导及开发。第一部 Android 智能手机发布于 2008 年 10 月。

Android 逐渐扩展到平板计算机及其他领域上，如电视、数码相机、游戏机等。最新版本 Android4.0 的用户界面有不少改进，经历多种演变后谷歌在用户界面体验方面有所提升，新的 UI 设计更加成熟。

10. Windows 7

微软公司于 2009 年 10 月 22 日发布 Windows 7（见图 1-10）操作系统。

Windows 7 可供家庭及商业工作环境、笔记本计算机、平板计算机、多媒体中心等使用。Windows 7 的 Aero 效果华丽，有碰撞效果，水滴效果，还有丰富的桌面小工具。这些都比 Vista 增色不少。但是，Windows 7 的资源消耗却是最低的。不仅执行效率快，而且笔记本的电池"续航能力"也大幅增强。

图 1-9　Android

图 1-10　Windows 7

11. Windows Phone

微软公司于 2010 年 10 月 11 日发布智能手机操作系统 Windows Phone（见图 1-11）。

Windows Phone 具有桌面定制、图标拖曳、滑动控制等一系列前卫的操作体验，采用全新的 Metro(新 Windows UI) 风格用户界面，采用突出内容淡化 UI 的思想。

其主屏幕通过提供类似仪表盘的体验来显示新的电子邮件、短信、未接来电、日历约会等，让人们对重要信息保持时刻更新。

12. Windows 8

Windows 8（见图 1-12）微软于 2012 年 10 月 25 日推出，支持个人计算机及平板计算机。Windows 8 大幅改变以往的操作逻辑，提供更佳的屏幕触控支持。新系统采用全新的 Metro(新 Windows UI) 风格用户界面，采用突出内容淡化 UI 的思想。各种应用程序、快捷方式等能以动态方块的样式呈现在屏幕上，用户可自行将常用的浏览器、社交网络、游戏、操作界面融入。

图 1-11　Windows Phone

图 1-12　Windows 8

第三节　界面设计原则

一、在实现功能的框架下设计

　　虽然设计工作者和艺术工作者都离不开视觉的范畴，但是他们之间是有区别的。艺术家更注重的是自我表达，表达自己的思想、审美、态度等，艺术创作几乎没有什么约束，越自由越独特越能获得成就。而设计者的工作是为了传达，设计是寻找最适合的表现形式来传达具体的信息，他们是在一定的框架内表达。"设计就是戴着脚镣跳舞"十分生动地讲述了设计行业的特点。

　　对用户界面设计，同样的应该以实现功能为首要前提，找到一种最合适的表现形式去实现产品的功能和交互设计，同时兼顾它视觉上的艺术性。就是说应该在实现用户目标和愉悦体验的框架下考虑图形界面设计。当然优秀的用户界面的艺术性和格调，以及传达的品牌形象是产品综合竞争力中重要的砝码，好的视觉设计能满足用户某种程度的情感需求，目标就是设计功能和视觉都优秀的用户界面。

二、层次结构清晰

1. 运用视觉属性将元素分组

　　在图形用户界面设计中，通常按照不同的视觉属性来区别不同的界面元素和信息。视觉属性包括形状、尺寸、颜色、明暗、方位、纹理等，下面详细介绍它们，这有助于以后的设计。

　　1) 形状

　　形状是人类辨识物体最基本也是最本能的方式，香蕉是长条的，橘子是椭圆的，火龙果呈奇怪的形状。图1-13中按钮是方的，旋钮是圆的，滑动条滑块是椭圆的。正是这些不同的形状属性区别了对应的操作的逻辑和方法。

　　2) 尺寸

　　一个空间上的物体哪个大哪个小，人们很容易分辨出来。在一群相似的物体中，比较大的那个会更引起注意。当一个物体非常大或者非常小时，很难注意到它的其他属性，例如颜色、形状。尺寸如图1-14所示。

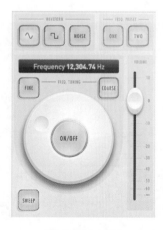

图1-13　形状

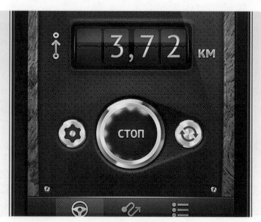

图1-14　尺寸

3）颜色

颜色绝对是视觉属性里重要的部分，颜色的不同可以快速引起人的注意，例如在黑色的背景下，一块柠檬黄的颜色是非常显眼的，而且颜色能传递出信息，例如红色可以传递警告、危险、促销、喜庆等不同的信息，需要在适当的时候使用它。但是有一点，由于存在一些色弱或色盲的用户人群，不能单纯依赖颜色属性来设计，需要配合明暗、形状、纹理等属性发挥综合视觉效应。需要提醒的是，对初学者运用颜色时要精简而理智，不要运用过多的颜色，一旦颜色过多，就难以把握重点要传递的信息。只有具备足够的经验和能力，才可以设计出类似Windows 8 那样绚丽而又明晰合理的界面。颜色如图 1-15 所示。

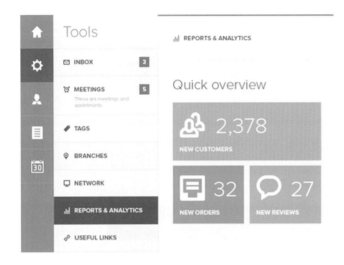 

图 1-15　颜色

4）方位

方位表示方向或方位的属性。向上向下或向左向右，前进或后退等，例如一个步骤条。方位如图 1-16 所示。

5）纹理

纹理表现元素的质感光滑还是粗糙，轻薄还是厚重，凸起还是凹陷等视觉印象的属性。例如 iOS 的亚麻布纹理是代表这是一个属于系统级的界面，而不是一个应用。而 Windows 里的滚动条滑块上有三道凹凸的纹理，隐喻的是现实中为了增加摩擦力而设计的可推动的滑块。纹理如图 1-17 所示

2. 如何创建层次结构

了解视觉属性后，创建界面元素元素时就可以使用它们定义出层次结构。

图 1-16　方位　　　　　　　　　　　　　　　　图 1-17　纹理

图 1-18　图片

举例说明如下。最先被看到或被注意的元素应该采用相对较大的尺寸、高饱和度的颜色、强的明暗对比。次要的元素采用小一点的尺寸，低一点的明暗对比，欠饱和的颜色等。不饱和颜色及中性色可以用于不重要的元素。这样界面的层次和结构就依照视觉的层次分清了。

图 1-18 中，最首要被关注的自然是导航栏下方的极具视觉冲击力的图片，按照心理学的理论，图形（包括图像和视觉图形）是最首先被注意的，然后是文字、背景等。抛开图像的因素，再来分析一下这个网站界面的层次结构和对应的视觉属性。

首要的是位于网站顶部的标志和导航栏，一整条相对高饱和度的红色可以首先被注意到，方位在最上方，尺寸也较大。设计者还充分渲染了标志，标志的颜色对比和明暗对比强烈，同时兼具了纹理的属性，可以看到作者试图让人们注意这个标志并记住它。同时导航栏是信息分类的顶层，是网站的主干，它也被提高了视觉层次，如图 1-19 所示。

图 1-19　顶部的标志和导航栏

　　其次是界面左下方的三个版块（见图 1-20），它们采用了略低的饱和度和明暗对比度，同时放在了左则。科学研究证明人类的视觉流程是从上到下、从左到右，左边的元素自然要先被注意到。并且，作者利用较大的尺寸来强化它的重要性。上面提到过，一旦尺寸足够大时，即使颜色没有右侧的饱和度高，它也会首先受到注意。

　　第三个层次就是右侧的一组百叶窗列表（见图 1-21），采用尺寸较小，高饱和度的红色标题栏，证明它也重要，只是没有那么的重要。

　　第四个层次（见图 1-22）就是顶部的注册登录和底部的辅助功能等。虽然底部的辅助功能以彩色图标的方式

图 1-20　三个版块

图 1-21　百叶窗列表

图 1-22　第四个层次

呈现，但是由于小的尺寸和偏下的方位属性，综合看来它的重要程度略低。

3. 要点和技巧

当发现两个不同重要的元素都需要被注意时，这时不要提高强调重要的那个元素，最好降低相对不重要的那一个元素的视觉层次。这样就能继续调整的空间，可以强调更重要更关键的元素。跟素描的道理有些相似，在暗部可以透气和虚一些，那么明暗交界线自然会实一些、立体一些。

同类型的元素应该有一样的属性，一样的属性用户会将它们视为一组。如果定义的元素在功能和操作上不同于这一组，就要用不同的属性来定义它。

相似的操作在位置上尽可能放在一组，这样避免鼠标或手指长距离的移动，给易用性带来负担。

4. 眯眼测试

这是绘画里面测试整体效果的一种方法。当创建完层次结构，可以眯起眼睛模糊地看它们，这时可以看出哪些是被强调的，哪些是模糊和弱化的，以及哪些是一组的等。测试后发现与想象中的层次结构不符的，可以通过调整视觉属性来改善它。

总结：一般在设计中不会单纯地运用单个的视觉属性，而是用多个属性来调节，特别是在创更复杂的层次结构时。

三、一致性和标准化

界面的一致性既包括使用标准的控件，又指相同的信息表现方法，如在字体、标签风格、颜色、术语、显示错误信息等方面确保一致。

在不同分辨率下的美观程度。软件界面要有一个默认的分辨率，而在其他分辨率下也可以运行。

界面布局要一致，如所有窗口按钮的位置和对齐方式要保持一致。

界面的外观要一致，如控件的大小、颜色、背景和显示信息等属性要一致。一些需要特殊处理或有特殊要求的地方除外。

界面所用颜色要一致，颜色的前后一致会使整个应用软件有同样的观感反之会让用户觉得所操作的软件杂乱无章，没有规则可言。

操作方法要一致，如双击其中的项，触发某事件，那么双击任何其他列表框中的项都应该有同样的事件发生。

控件风格、控件功能要专一，不错误地使用控件。

标签和信息的措词要一致，如在提示、菜单和帮助中产生相同的术语。

标签中文字信息的对齐方式要一致，如某类描述信息的标题行定为居中那么其他类似的功能也应该与此一致。

快捷键在各个配置项上语义保持一致，如 Tab 键的习惯用法是阅读顺序从从左到右、从上到下。

四、给予足够的视觉反馈

1. 静态视觉暗示

静态视觉反馈指的是界面元素在静止状态下本身的视觉属性所传递的暗示，例如一个按钮（见图 1-23），它看起来是微微凸起的，带有立体感和阴影，那么暗示的就是这个元素是一个可以被按下的按钮。

2. 动态视觉暗示

因为静态的暗示需要一定大小的尺寸和像素来塑造，界面上不能全是这种类型的元素，不然就像上面讲到的没有层次和重点。这时可用采用动态视觉暗示。一般是指光标掠过这个元素时发生的变化，或者是执行某个操作后出现的变化。

例如 Word 界面顶部的选项卡，当鼠标滑过"邮件"的时候，出现了按钮的形状，暗示这是可以按下的，按下后会变成被选中的选项卡。再例如在 Apple 邮件列表下，下拉屏幕时，出现一个圆形的更新图标，继续往下拉它的形状会被渐渐拉长，最后弹回去消失，这个动态过程就是在告诉人们可以继续拉，拉到一定程度就触发了加载新邮件的动作。动态视觉暗示如图 1-24 所示。

3. 光标暗示

光标在经过或到达某个元素时，通过改变光标本身的形状来暗示。例如光标在经过 Outlook 的邮件列表的边框时，形状变成了水平方向的两个箭头，这是暗示可以拖曳用以改变列表栏的宽度。在 Excel 软件中，光标有大量的暗示。光标暗示（见图 1-25）可以用在一些元素很小，用户不好辨识之时。

图 1-23　按钮　　　　　图 1-24　动态视觉暗示

图 1-25　光标暗示

第四节　界面设计组成要素和控件

一、图形制作

1. 矩形

（1）在 Photoshop 里新建一个背景色为白色的画布，尺寸自定，如图 1-26 所示。

（2）选择形状工具里面的矩形工具，在画布上拖动绘制一个矩形，如图 1-27 所示。

（3）得到如图 1-28 所示的矩形，如果要绘制一个正方形，那么拖动的时候按住 Shift 键绘制。

（4）可以改变矩形的颜色、描边、填充透明度，满足各种需要。各种矩形如图 1-29 所示。

2. 圆角矩形

（1）选择"形状工具"里面的"圆角矩形工具"，如图 1-30 所示。

（2）在画布顶部的工具选项中设置一个圆角半径的数值，如图 1-31 所示。

（3）在画布上拖动绘制一个圆角矩形。如果要绘制一个宽和高相等的圆角矩形，那么拖动的时候按住 Shift 键绘制。

可以改变矩形的颜色、描边、填充透明度，满足各种需要。不同的矩形如图 1-32 所示。

图 1-26 新建画布

图 1-27 绘制一个矩形

图 1-28 矩形

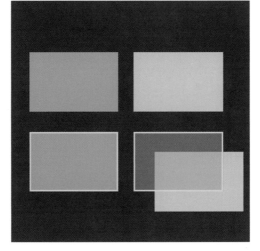

图 1-29 各种矩形

图 1-30 圆角矩形工具

图 1-31 设置数值

3. 不规则形状

（1）选择"形状工具"里的一个基础形状工具，绘制一个形状图层，如图 1-33 所示。

（2）四种不同的模式叠加出来后是以下四种不同的效果（见图 1-34）。这是形状塑造的基础，诸多复杂形状就是利用图形之间的叠加来完成的。

（3）以下比较复杂一些的形状（见图 1-35）都是通过一些基础形状的组合来实现的，通过使用不同的叠加模式可以创造出千变万化的形状。但是要达到这种效果，还需要使用钢笔工具和一些其他的改变锚点的工具，具体操作在后面的章节再详细讲述。

二、常用控件制作

1. 命令按钮

命令按钮是指可以响应鼠标点击或手指单击触发的基础控件。作用

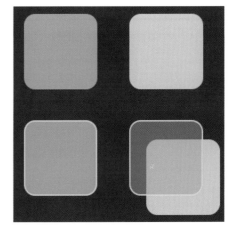

图 1-32 不同的矩形

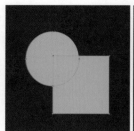
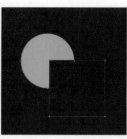

图 1-33 绘制一个
　　　　　形状图层

图 1-34 四种不同的效果

是对用户的单击作出反应并触发相应的事件，在按钮中既可以显示正文，也可以显示位图。

（1）选择"形状工具"里的"圆角矩形工具"，绘制一个按钮的基本形态，如图 1-36 所示。

（2）设置圆角矩形的图层混合选项，参数如图 1-37 所示。

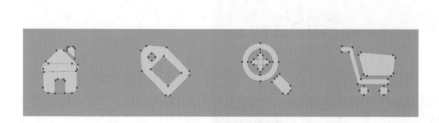

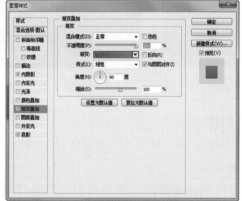

图 1-35 复杂的形状

图 1-36 按钮的基本形态

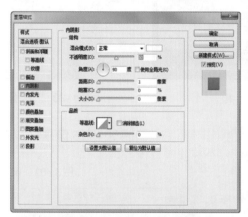

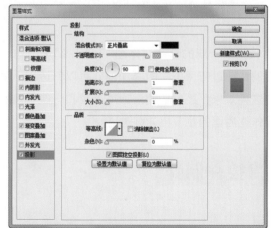

图 1-37 参数

（3）设置好后得到图 1-38 效果，用颜色渐变和投影塑造出按钮微微凸起的立体感。这是讲过的静态视觉暗示。

（4）给按钮加上文字（见图 1-39），按钮上的文字信息告诉用户这是一个什么按钮及按下去会有什么样的结果。

（5）给文字图层设置图层混合选项（见图 1-40），这里设置透明度为 50%，角度为 -90° 的 1 px 的投影。

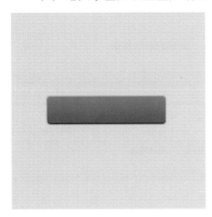

图 1-38　效果　　　　　　　图 1-39　给按钮加上文字　　　　　图 1-40　设置图层混合选项

（6）文字呈现凹陷效果（见图 1-41），整个按钮就完成了，但这只是默认状态的按钮。

（7）在设计一个按钮的时候要考虑所有的 3 或 4 种状态。第一种是默认的状态，上面绘制的就是默认状态的按钮。第二种是鼠标掠过时的状态，如图 1-42 中的第二个，这是讲过的动态视觉暗示。第三种是按下一瞬间的状态，如图 1-43 第三个按钮，这个状态能起到示范性响应的反馈作用。第四种是不可用状态，也是一种静态视觉暗示，告诉用户这个按钮暂时是不能点的，或者点了不起作用，除非达到某个条件它才会被激活。这种状态的使用场景很少，因为出于对用户体验的考虑，不能点的按钮最好不要出现，以免造成对用户的困扰和增加学习成本。

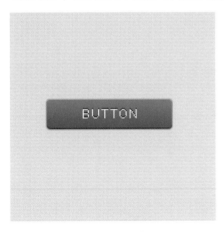

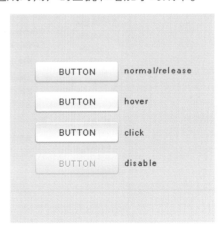

图 1-41　凹陷效果　　　　　　图 1-42　按钮 1　　　　　　　图 1-43　按钮 2

2. 单选按钮

单选按钮，也称 Radio Button。用两个或多个该控件，并且群组属性设置相同值，可使选择的结果唯一。这是一个基础控件。标准的单选按钮有五种状态，分别是默认、掠过、单击（鼠标单击一瞬间）、按过后掠过（鼠标略过按钮区域）、按过（选中后鼠标离开按钮）。在 Web 程序和 iOS、Android 中，为了性能的考虑或没有光标事件的情况下可能只选用：默认、按下、按过三种状态，单选按钮如图 1-44 所示。

（1）选择形状工具里面的椭圆工具，绘制一个正圆的形状图层，如图 1-45 所示。

（2）选中这个圆形图层，设置它的图层混合模式，得到默认状态的单选按钮。其参数如图 1-46 所示。

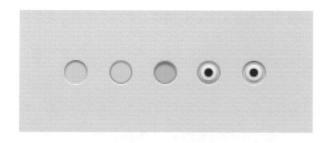

图 1-44　单选按钮　　　　　　　　　　图 1-45　正圆的形状图层

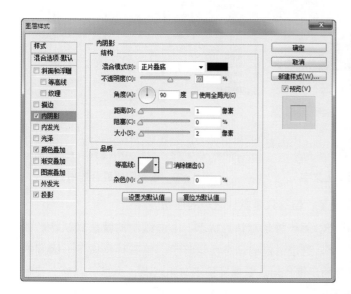

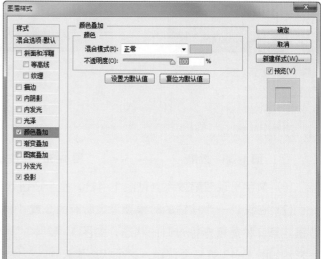

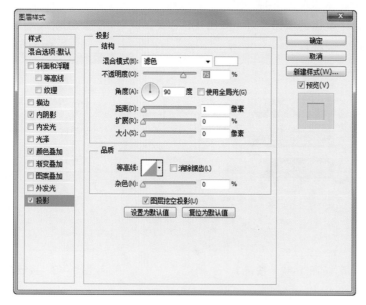

图 1-46　参数

（3）复制一个默认状态的单选按钮，设置它的描边颜色，得到一个鼠标掠过状态的单选按钮（见图 1-47）。

（4）复制一个鼠标掠过状态的单选按钮，设置它的图层混合选项，只需调整内阴影和颜色叠加属性，让它更暗一些，如图 1-48 所示。

（5）按下状态效果如图 1-49 所示。

（6）复制一个掠过状态的单选按钮，在其中绘制一个略小的圆形，如图 1-50 所示。

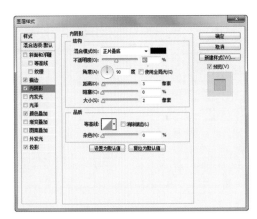

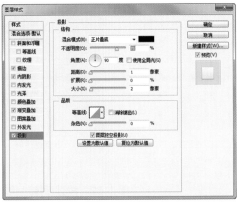

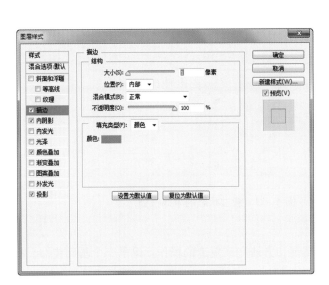

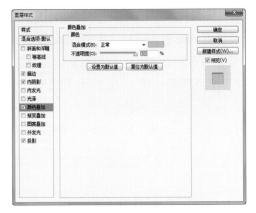

图 1-47　设置单选按钮　　　　　　　图 1-48　调整内阴影和颜色叠加属性

图 1-49　按下状态效果　　　　　图 1-50　绘制一个略小的圆形

（7）选中这个稍小的圆形的图层，设置它的图层混合选项，参数如图 1-51 所示。

（8）绘制一个深灰色的小圆点在图层最上层，完成按过后掠过状态的单选按钮，如图 1-52 所示。

（9）依照上面方法再绘制一个按过状态的单选按钮，五种状态便全部完成，如图 1-53 所示。

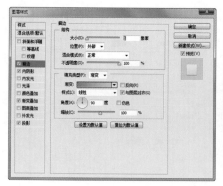 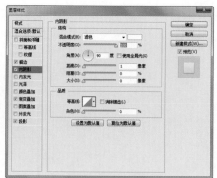 

图 1-51　参数

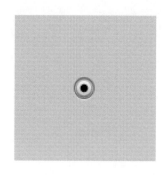 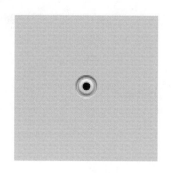

图 1-52　按过后掠过状态的单选按钮　　图 1-53　按过状态的单选按钮

3. 复选框

复选框（见图 1-54），也称 CheckBox，它可以通过其属性和方法完成复选的操作。这是一个基础控件。标准的复选框有五种状态，分别是默认、掠过、按下（鼠标按下一瞬间）、按过后掠过（鼠标略过按钮区域）、按过（选中后鼠标离开按钮）。在 Web 程序和 iOS、Android 中，为了性能考虑或没有光标事件的情况下可能只选用：默认、按下、按过三种状态。

（1）选择"形状工具"里的"圆角矩形工具"，绘制一个宽和高相等的圆角矩形形状图层，如图 1-55 所示。

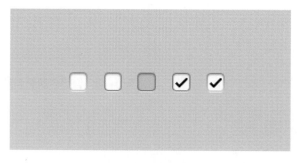 

图 1-54　复选框　　　　　　　　　图 1-55　圆角矩形形状图层

（2）选中这个圆角矩形，设置它的图层混合模式，得到默认状态的复选框，参数如图 1-56 所示。

（3）效果如图 1-57 所示。

（4）复制一个默认状态的复选框，设置它的描边颜色，得到一个鼠标掠过状态的复选框，如图 1-58 所示。

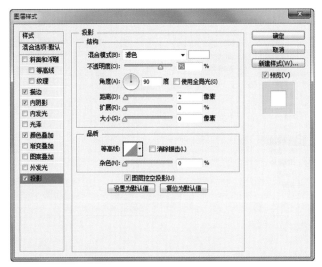
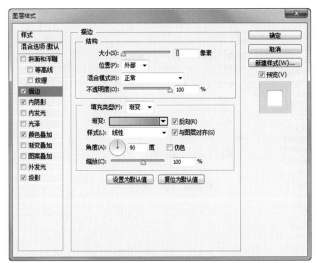
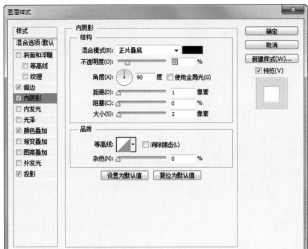
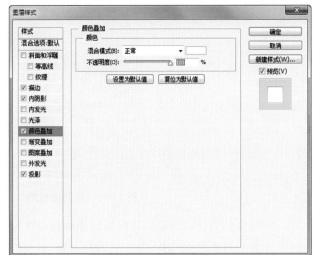

图 1-56 参数

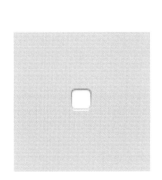

图 1-57 效果

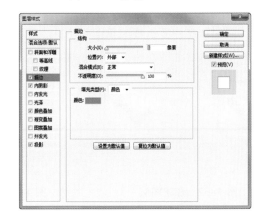

图 1-58 复选框

（5）复制一个鼠标掠过状态的复选框，设置它的图层混合选项，只需调整内阴影和颜色叠加属性，让它更暗一些，如图 1-59 所示。

（6）按下状态复选框效果如图 1-60 所示。

（7）复制一个掠过状态的复选框，在其中用钢笔工具或形状的组合绘制一个勾，得到按过后鼠标掠过状态的复选框，如图 1-61 所示。

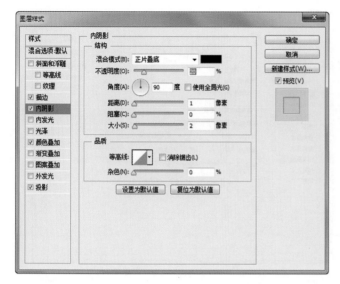 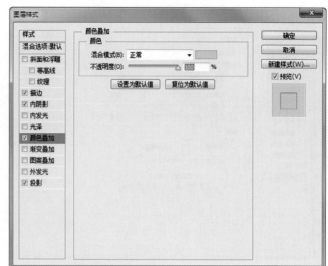

图 1-59   调整内阴影和颜色叠加属性

图 1-60   复选框效果   图 1-61   复选框

（8）在以往的网页设计中，可以看到使用铅笔工具绘制的如图 1-61 那样的点阵图形，因为在以前显示终端的分辨率和屏幕密度不高的情况下，这种精度勉强够用，人眼也能分辨。但是目前的科技下，屏幕密度越来越大，画面和图像越来越精细，精度早已超过了传统印刷的精度。为了能更好地显示效果及方便缩放为不同尺寸，还是建议用路径也就是图 1-62 所示的形状图层来绘制。

（9）依照上面方法再绘制一个按过状态的复选框（见图 1-63）。五种状态便全部完成。

 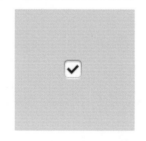

图 1-62   形状图层   图 1-63   按过状态的复选框

4. 下拉列表

对有些形式的输入，用户必须从适用选项列表中选择一个选项。下拉列表控件创建一个包含多个选项的下拉列表，用户可以从中选择一个选项。一般看起来是这个样子，如图 1-64 所示。同样它有几种不同的状态：默认、鼠标掠过、按下、按过。在 Web 程序和 iOS、Android 中，为了性能的考虑或没有光标事件的情况下可能只选用：默认、按下、按过三种状态。制作的方法和绘制按钮大同小异，这里就不再赘述。这里重点讲解它的不同状态。

（1）默认状态效果如图 1-65 所示。一般情况下默认状态会设置一个默认选项，或者这个默认选项定义为全部。需要有箭头的元素来体现下拉列表，或者是向下的箭头，也可以是上下方向都标明的箭头，这种箭头暗示用户有隐藏的信息。

（2）鼠标掠过状态如图 1-66 所示，与默认状态相比要有人眼能分辨的视觉差异。

（3）按下状态，这时下拉列表伸展出来，可以在某个项中选择一项单击。光标移动进行选择的时候也有鼠标掠过的反馈机制，如图 1-67 所示。

（4）按过状态。单击选择某一项后，框体内显示的是所选择的项的信息。

图 1-64　下拉列表　　　　图 1-65　默认状态效果　　图 1-66　鼠标掠过状态　　图 1-67　反馈机制

大家可以作为练习的作业完成一个下拉列表的设计，如图 1-68 所示。

5. 选项卡

（1）默设置选项的模块（见图 1-69）中每个选项卡代表一个活动的区域。Windows 里，用多个标签页区分不同选项功能的窗口。制作的方法和绘制形状大同小异，这里就不再赘述。

（2）默设状态下，选项卡里有一个聚焦状态的标签页，代表显示的是当前选项下的内容，如图 1-70 所示。

（3）当鼠标掠过其他未被选中的选项标签时，出现动态视觉提示（见图 1-71），例如改变颜色、亮度等。

图 1-68　下拉列表的设计　　图 1-69　模块　　　　图 1-70　标签页　　　　图 1-71　动态视觉提示

（4）按过状态选项卡如图 1-72 所示。当鼠标单击选中一个选项卡，这时选中的为聚焦状态。

大家可以作为练习的作业完成一个选项卡的设计。

6. 开关

（1）开关控件（见图 1-73）顾名思义就是开启和关闭。在界面设计里一般用于打开或关闭某个功能。熟悉的例子可能是手机里面的打开或关闭飞行模式。这种设计符合现实生活的经验，是一种习惯用法。

（2）绘制一个圆角矩形（见图 1-74），圆角半径要设置大一些，20 px 左右。

（3）选中这个圆角矩形，设置它的图层混合模式，参数如图 1-75 所示，效果如图 1-76 所示。

（4）继续绘制一个蓝色的圆角矩形（见图 1-77），宽度为深灰色的一

图 1-72　按过状态选项卡

图 1-73　开关控件　　　　　　　　　　图 1-74　圆角矩形

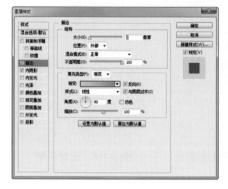

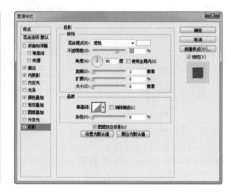

图 1-75　参数

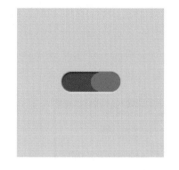

图 1-76　效果　　　　　　图 1-77　绘制一个蓝色的圆角矩形

半，高度相等。

（5）选中这个蓝色圆角矩形，设置它的图层混合模式，参数如图 1-78 所示，效果如图 1-79 所示。

（6）标志上文字，OFF 用相对背景对比度不高的颜色，ON 用相对背景对比度高的颜色，因为要强调目前开关的状态是 ON。ON 和 OFF 如图 1-80 所示。

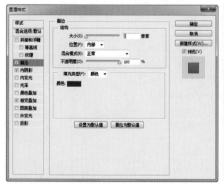
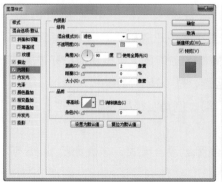
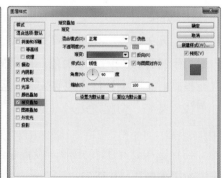

图 1-78　参数

（7）设置 ON 文字图层的混合选项，制造凹陷效果投影（见图 1-81），强调 ON 状态的凸显地位，同时增加一些细节和质感。OFF 状态的制作方法类似。

图 1-79　效果　　　　　图 1-80　ON 和 OFF

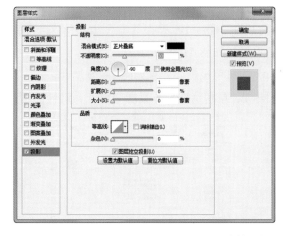

图 1-81　凹陷效果投影

7. 滚动条

滚动条（见图 1-82）也称 ScrollBar，是一种基础控件，有自己的属性和方法。滚动条由滚动滑块和滚动箭头组成，实现页与页的切换，可以上下、左右调整工作区。利用这些属性和方法，用户可以对滚动的效果进行定制。

（1）下面绘制一个简化的滚动条，它看上去更简洁一些。首先绘制一个圆角矩形，形状要足够的细长，如图 1-83 所示。

（2）将这个黑色条状圆角矩形的填充度设置为 10%，如图 1-84 所示。

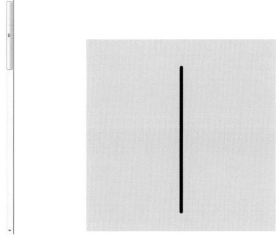

图 1-82　滚动条　　　图 1-83　简化的滚动条　　　　　图 1-84　填充度设置

（3）绘制一个白色圆角矩形作为滑块的基础形态，如图 1-85 所示。

（4）设置白色滑块的图层混合模式，塑造微凸的立体感，参数如图 1-86 所示。

图 1-85 基础形态　　　　　　　　　　　　　　　　图 1-86 参数

（5）效果如图 1-87 所示，接下来再绘制滑块上的凹槽。

（6）使用矩形工具绘制高度为 1 px 的浅灰色矩形，如图 1-88 所示。

（7）设置混合选项中的投影，给凹槽加上 1 px 的白色投影，效果如图 1-89 所示。

（8）复制两个同样的图层垂直等距排列好，同时注意和滑块要垂直居中对齐，这样凹槽效果就完成了。

图 1-87 效果　　　　图 1-88 浅灰色矩形　　　　　　图 1-89 效果

最终效果如图 1-90 所示。

8. 进度条

进度条即计算机在处理任务时，实时的，以图片形式显示处理人物的速度，完成度，剩余未完成任务量的大小和可能需要处理时间，一般以长方形条状显示。绘制方法和滚动条类似，不同的是颜色和质感，这里不再赘述。大家可以作为练习的作业自己完成一个进度条的设计，如图 1-91 所示。

图 1-90 最终效果　　　　　　　　　　　　　图 1-91 进度条的设计

9. 步骤条

步骤条是指将复杂的任务分解成几步来完成，属于一种引导用户的模式，步骤使用户感到清晰而有条理，同时能观察到全局和完成度。同时也避免了可能会让用户沮丧和失去耐心的冗长任务表单，也避免了一个界面下过于复杂的操作。步骤条如图1-92所示。

步骤条有三种不同的状态（见图1-93）：已完成的步骤、当前正在进行的步骤、未完成的步骤。

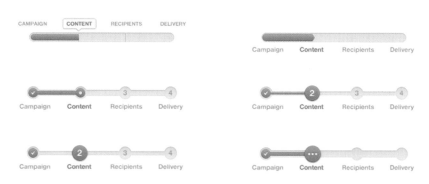

图1-92　步骤条

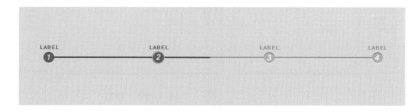

图1-93　三种不同的状态

图1-93中第一步对应的已完成。

第二步对应的是进行中，采用视觉强调和差异来标志这个聚焦状态，同时也是一种导航。

第三步和第四步显然是未完成状态的步骤，因此采用了无色相的灰色和弱对比来处理。

在当前进行的步骤要允许可以退回到已完成的步骤，当然进行中步骤可以前进到未完成的下一步骤。

常用的步骤条都使用数字作为步骤的标志，这是因为数字依次排列本身就是一种从左到右的指向。大家可以作为练习的作业自己完成一个步骤条的设计。

10. 输入框

输入框是用于用户输入信息的基础控件，鼠标点击框体会插入输入的光标，供用户输入信息和数据。由标题、框体、默认输入提示文本组成，在表单里面的输入框还有错误提示、必输项和非必输项的提示及输入正确的提示等，这些是基于用户体验的设计。它有三种状态：默认、聚焦、失焦。

（1）默认状态（见图1-94）会设置一个初始文本用以呈现输入的提示信息，一般使用低对比的颜色，为的是告诉用户这不是已经输入内容的输入框。

（2）聚焦状态（见图1-95）下，会有视觉差异的对比来告诉用户这个是你正在编辑的输入框。同时插入闪烁的光标，告诉用户可以编辑文字了。

（3）失焦状态（见图1-96），当输入完毕后，用户的鼠标点其他地方离开输入框后为失焦状态。这时鼠标的离开表示输入完成。

11. 消息框

消息框（见图1-97）是用于在必要的时候给用户一些提示或警告的窗口。例如，消息框能够在应用程序执行某项任务过程中出现重要问题时通知用户。消息框是一种模态对话框，它的出现会打断用户，所以不是重要的问

图 1-94　默认状态　　　　图 1-95　聚焦状态　　　　图 1-96　失焦状态　　　　图 1-97　消息框

题不要使用这种打断用户的提醒方式。为了使用户能够关闭消息框，需要在标题栏中带有"关闭"按钮的。

（1）使用矩形工具绘制一个如图的白色矩形（见图 1-98），作为消息框内容的显示区。

（2）设置白色矩形的图层混合模式，参数如图 1-99 所示，效果如图 1-100 所示。

（3）使用圆角矩形工具和矩形工具的形状叠加绘制如图 1-101 的深灰色条状，宽度和白色矩形保持一致。这是消息框的标题栏的区域。

图 1-98　白色矩形　　　　　　　　　　　　　　　　图 1-99　参数

图 1-100　效果　　　图 1-101　深灰色条状

（4）设置深灰色图形的图层混合模式，参数如图 1-102 所示。

图 1-102　参数

（5）标题栏基础完成了，效果如图 1-103 所示。

（6）设置分隔线的混合选项，白色向右的 1 px 的投影，效果如图 1-104 所示。

（7）选中分隔线所在的图层，点图层面板下方的工具栏里的"添加图层蒙版"按钮，会在这个图层上添加一个蒙版。然后点选工具栏里面的渐变工具，在顶部的工具选项中选择"前景色到透明渐变"。将前景色选为黑色，将渐变工具的光标移动到画布上，从分隔线的底端网上拖动到分隔线高度的 1/2 位置，可以看到分隔线变成了渐隐的效果，如图 1-105 所示。

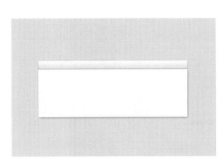 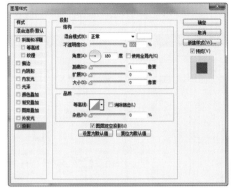 

图 1-103　效果　　　　　　　　　　　　　　图 1-104　混合选项及效果

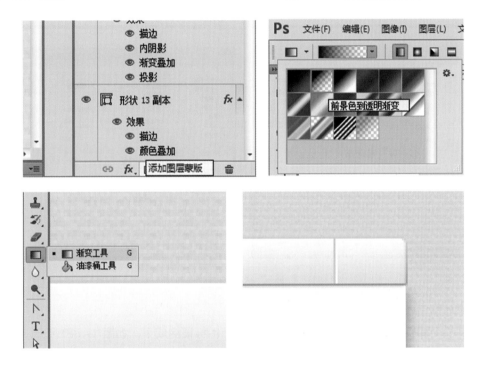

图 1-105　渐隐的效果

（8）调整分隔线的位置，并在右侧绘制一个关闭按钮，如图 1-106 所示。

（9）在绘制好的标题栏左边位置添加上需要的标题。接下来绘制一个提示消息的图标（见图 1-107），在消息框的内容区域绘制橙色的圆形。

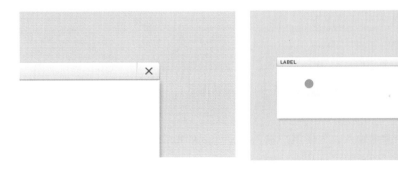

图 1-106　关闭按钮　　　　　　　　　　图 1-107　提示消息的图标

10）设置橙色圆形的图层混合模式，参数如图 1-108 所示。

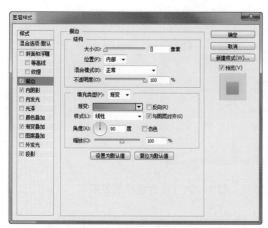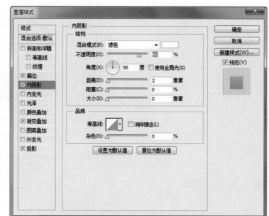

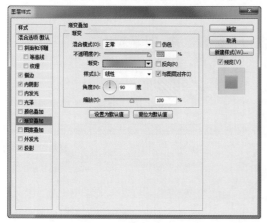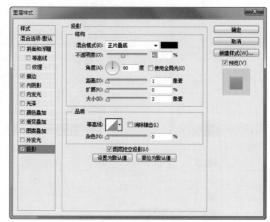

图 1-108　参数

（11）得到效果如图 1-109 所示。

（12）继续绘制一个感叹号图形放置在圆形内，这样提示图标便完成了，如图 1-110 所示。

（13）需要的元素还有提示的文字内容（见图 1-111）和与功能相关的按钮。注意按钮上的文字描述要对应和统一，例如"是"和"否"，"确定"和"取消"等。

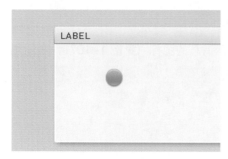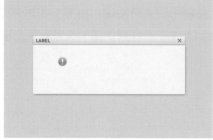

图 1-109　效果　　　　　　　　　图 1-110　提示图标　　　　　　　　图 1-111　文字内容

12. 日期选择控件

日期选择控件是为了减少键盘输入，方便用户输入日期时间的拟物设计。模拟用户在生活中使用日历的经验，方便快捷地选择输入日期信息。它也有三种状态：默认、聚焦、按下。

（1）默认状态（见图 1-112）会显示一个日期，一般显示的今天的日期，在不同的业务场景下可能是别的日期。

（2）聚焦状态下，会弹出显示日历面板（见图1-113），也有标题栏和内容区。标题栏上是对应的年和月，同时又切换月的按钮，内容呈现的是这个月的所有天。其中今天作为对用户很重要的信息要被标志出来，例如图1-112的"16"。同时在选择日期的时候需要有动态的视觉反馈，例如图1-113掠过"25"号时的蓝色色块。

（3）按下状态，当选择一个日期后，框体中出现的是用户选择的日期，如图1-114所示。

图1-112　默认状态

图1-113　日历面板

图1-114　日期

13. 操作栏

操作栏（见图1-115）又称Actionbar，一般应用于程序频繁使用的功能，而专门开辟出一块地方来设置这些常用的操作。这样的设计直观突出，且经常使用这类操作的用户会觉得更方便更有效率。例如图1-115中Gmail里面的操作栏：对于邮件来说常用的存档、标记、删除、转移管理等功能都被设置在操作栏里，方便用户快速处理邮件。

图1-115　操作栏

（1）默认状态（见图1-116）表示操作的按钮作为一组排列成一栏。上面讲过，同一类型的操作元素要将它们在视觉上归为一组，也就是说它们的视觉属性应该是一致的，同时位置要尽量靠近。

（2）鼠标掠过状态（见图1-117），当鼠标划过某个操作项，需要出现动态视觉暗示。这个设计使按钮微微凸起，暗示它可以像按钮一样被按下。

（3）按下状态时，按钮（见图1-118）有向内凹陷的视觉改变。当鼠标释放后，触发这个动作。

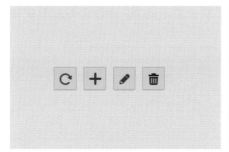

图1-116　默认状态

图1-117　鼠标掠过状态

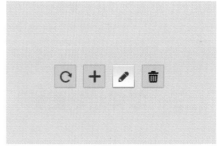

图1-118　按钮

这个操作栏的绘制方法结合了按钮和图形的绘制方法，可以作为练习的作业，请大家绘制自己设计的操作栏。

14. 图标

图标如图 1-119 所示。

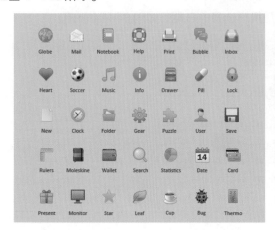

图 1-119　图标

图标也称 iCON，广泛应用于数字人工制品，包括程序标志、数据标志、命令选择、模式信号或切换开关、状态指示等。图标有助于用户快速执行命令和打开程序文件。单击或双击图标以执行一个命令。图标有一套标准的大小和属性格式，且通常是小尺寸的。每个图标都含有多张相同显示内容的图片，每一张图片具有不同的尺寸和发色数。一个图标就是一套相似的图片，每一张图片有不同的格式。图标还有另一个特性：它含有透明区域，在透明区域内可以透出图标下的背景。因为操作系统和显示设备的多样性，导致了图标的大小需要有多种格式。

图标的常见尺寸规格（单位：px）如下。

Windows XP

48×48，32×32，24×24，16×16

Windows Vista

256×256，64×64，48×48，32×32，24×24，16×16

iOS

512×512，114×114，57×57，30×30，29×29，20×20

15. 输出资源图

设计好图标后，有必要将图标图像输出成资源图提供给程序使用。

第一步就是将图标裁切成上述的规范尺寸。

第二步隐藏背景，就是除了图标本身的元素，方形背景下的其他区域是透明的。

第三部输出，一般输出 png 格式文件（之前为了使文件本身更小，便于加载常使用 gif 格式），颜色可选 png-24，也可以选 png-8。但 png-8 和 gif 格式一样最多支持 256 色，对于边缘没有弧度和透明度的网页图标是够用的，但是 256 色毕竟颜色少了，在显示较多细节或是透明度和弧度的时候会显示锯齿。所以还是推荐使用 png-24 格式，有透明度的时候务必勾选保留透明度选项。

图 1-120 是原稿和 png-24，png-8（128 色）和 gif（32 色）格式对比。

三、怎样绘制图标

（1）用 Adobe Illustrator 绘制矢量图标。

用矢量软件绘制的矢量格式的图标，能够自由缩放尺寸，而不影响清晰度，也能输出为各种尺寸和格式的图

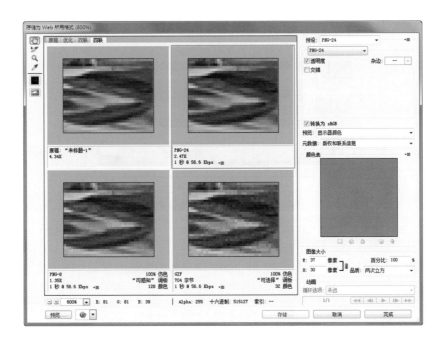

图 1-120　格式对比

片文件。

模仿 iOS 的设置图标先来练习一下，最终效果图如图 1-121 所示。

(2)　新建画布 800×600 像素，所有单位设置为像素，如图 1-122 所示。

(3)　点选圆角矩形工具，在画布上左击鼠标；弹出对话框，选择如图 1-123 参数，点击确定。

(4)　在画布上直接点击一下，就可以作出一个标准的圆角矩形。

在颜色面板中选择颜色为深黑色，这样圆角矩形内部就被深黑色填充好了，如图 1-124 所示。

图 1-121　效果

图 1-122　新建画布

图 1-123　参数

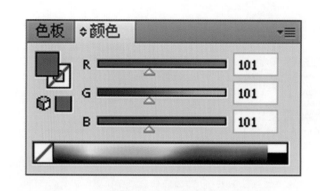

图 1-124　标准的圆角矩形

（5）使用椭圆工具，绘制两个圆，如图 1-125，一个深色，一个略浅。

（6）把这两个图编组（见图 1-126），按住 Alt 键不动，用鼠标向右拖动复制一组这个元素。然后按 "Ctrl+D" 重复上一步动作。这样能得到一排圆点；同理，将这一排圆点编组，复制成一片圆点。

图 1-125　两个圆

图 1-126　两个图编组

（7）将这一片矩形的圆点编组，旋转 45°，放置在刚画的圆角矩形之上，如图 1-127 所示。

（8）选择圆角矩形，按 "Ctrl+C" 复制，再按 "Ctrl+F" 在其之上复制一个同样的元素，按 "Ctrl+】" 使其置于所有元素之上，并将其设置成黑色，便于区分。选择所有元素，右键，选择建立裁切蒙版；得到如图 1-128 所示的结果。

（9）在画布空白地方绘制一个圆，再绘制一个如图的三角形，如图 1-129 所示。

（10）选择三角形后，选取 "旋转工具"（见图 1-130）；用光标找到圆的圆心位置，单击 Alt 键。

（11）会弹出一个窗口，将旋转角度设定为 15°，勾选预览复选框，并点击确定按钮；复制一个以圆的圆心为中点并旋转了 15° 的小三角形，如图 1-131 所示。

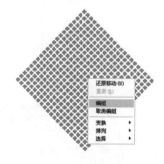

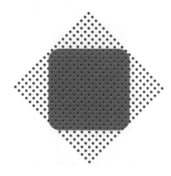

图 1-127　编组、旋转、放置

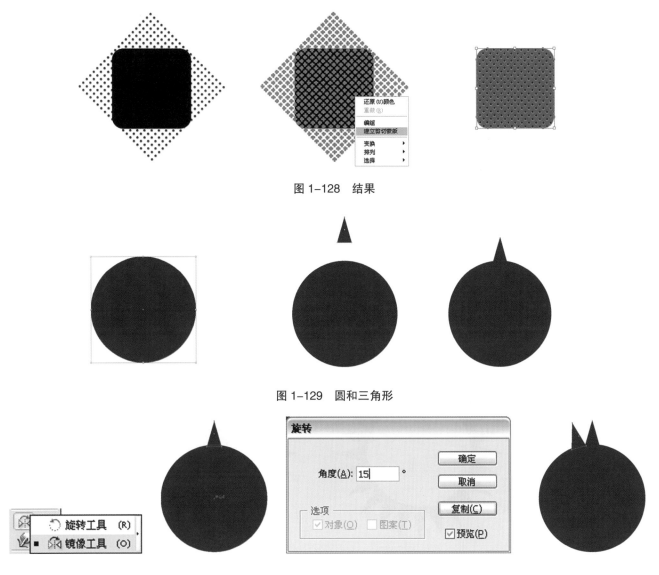

图 1-128　结果

图 1-129　圆和三角形

图 1-130　旋转工具

图 1-131　旋转了的小三角形

（12）此时，继续按"Ctrl+D"，重复上一步动作，这样得到一个齿轮的外形（见图 1-132）；选择中间的圆，用"Ctrl+C"复制，"Ctrl+F"在上方粘贴一个一样的圆，把圆设置为白色。

图 1-132　齿轮的外形

（13）在菜单窗口中选择路径查找器，会弹出"路径查找器"调板，如图 1-133 所示。

图 1-133　路径查找

（14）框选齿轮和白色的圆，点击形状模式的第一个：合并。这样会得到空心的齿轮；在齿轮的中间，画一个小圆，如图 1-134 所示。

图 1-134　画一个小圆

（15）再画一个矩形，如图 1-135 所示。可以使用垂直对齐来对齐元素；选择矩形，用刚才复制齿轮锯齿的方法来画五个矩形，这次设置角度为 72°；然后把中间的部分稍微转点角度，调整一下；然后全部选定，用路径查找器合并这个路径。

图 1-135　再画一个矩形

（16）把齿轮缩小，放在刚才的圆角矩形背景上，设置齿轮的填充为渐变，参数如图 1-136 所示。选择齿轮，点菜单—效果—投影；在弹出的窗口设置投影的参数，如图 1-137 所示。

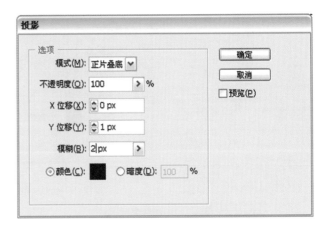

图 1-136　参数　　　　　　　　　　　　　　　图 1-137　投影的参数

（17）得到图 1-138 的效果；再在齿轮中心画一个小圆；简单画出小圆的凹凸效果。

图 1-138　效果

（18）用刚才的方法再画一个小齿轮；复制一个小齿轮，把两个齿轮都摆在大齿轮的上面；在旁边画一个灰色的圆角矩形框，如图 1-139 所示。

图 1-139　画小齿轮

（19）在画布空白处画一个圆，点菜单—效果—投影，设置投影，参数如图 1-140 所示。

（20）选中圆形，点菜单—对象—扩展外观，得到图 1-141 效果，点击白色圆形删除。

（21）复制 4 个同样的阴影，放在灰色框的四个角；在灰色框内部绘制一个白色框，作为反光；将刚才绘制的元素全部选定，编组，如图 1-142 所示。

（22）摆放在 iCON 主体之上，框的外形与 iCON 对齐；在上方绘制一个同等大小的红色圆角矩形；全部选

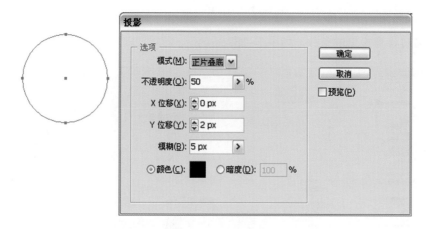

图 1-140　参数

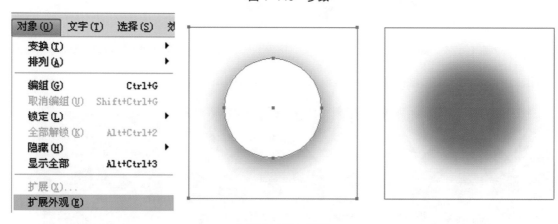

图 1-141　效果

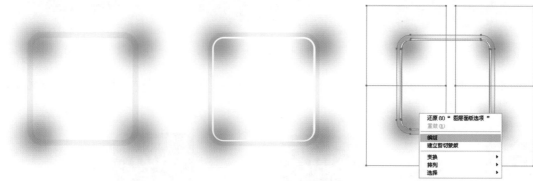

图 1-142　4 个同样的阴影

定，点鼠标右键，选择建立剪切蒙版，如图 1-143 所示。

　　(23) 绘制一个如图 1-144 所示效果的白色渐变层，覆盖在上方；基本上到这里就可以算是完成了，注意每个图形之间的形状剪切与组合。

　　(24) 最终效果如图 1-145 所示。

四、图片效果处理

1. 图片投影

(1) 用 Photoshop 打开一张图片，裁成正方形，如图 1-146 所示。

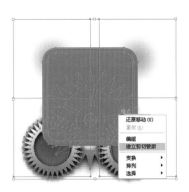

图 1-143　剪切蒙版

图 1-144　效果　　　　　　　　　　　　　　　　　　图 1-145　最终效果

（2）在图片下方新建一个图层，绘制一个略大的白色正方形作为图片的边框，如图 1-147 所示。

（3）使用钢笔工具绘制一个如图 1-148 所示的路径。

（4）将在图层面板底部找到将路径转化为选区按钮，点下去路径转化为选区，如图 1-149 所示。

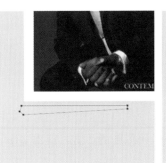

图 1-146　正方形图形　　　图 1-147　加边框　　　　图 1-148　路径　　　　图 1-149　选区按钮

（5）在顶部菜单中找到：选择—修改—羽化，单击羽化选项，如图 1-150 所示。

（6）在弹出的对话框中填写羽化半径为 6 px，如图 1-151 所示。

（7）用黑色填充，效果如图 1-152 所示。

（8）将绘制好一半的投影图层置于白色图层之下，并调整位置，效果如图 1-153 所示。

（9）复制一个投影图层，并使它水平翻转，然后合并这两个图层，如图 1-154 所示。

（10）调整这个投影的宽度，使得它看起来刚好像图片那么宽，如图 1-155 所示。

图 1-150　单击羽化选项　　　　　图 1-151　羽化半径　　　　　图 1-152　效果

（11）将投影图层的透明度降低，调整为 50%，如图 1-156 所示。

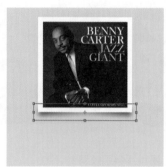

图 1-153　效果　　　　图 1-154　合并两个图层　　　图 1-155　调整宽度　　　图 1-156　降低透明度

（12）使用同样的方法绘制一个高度小一点的投影，这次羽化的值设置小一些——4px，如图 1-157 所示。

（13）透明度设置为 40%，如图 1-158 所示。

（14）调整大小和位置，图层置于刚才的投影之上，如图 1-159 所示。

（15）这样投影效果（见图 1-160）便完成了。之所以绘制两个投影，是为了细节和层次更丰富，更具空间感。

2. 图片倒影

（1）按照上诉方法绘制一个带白色边框的图片，如图 1-161 所示。

（2）复制这个图层，摆放于原图的下方，空出 2 px 的间隔，然后垂直翻转这个图层，如图 1-162 所示。

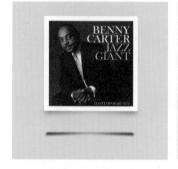

图 1-157　羽化设置取小值　　图 1-158　透明度设置　　　图 1-159　调整大小和位置　　图 1-160　投影效果

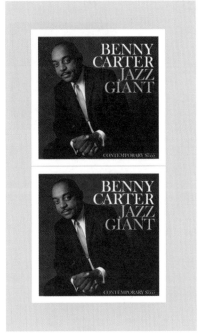

图 1-161　带白色边框的图片　　　　　　　　　　　　图 1-162　图层处理

（3）选中垂直翻转的图片所在的图层，点图层面板下方的工具栏里的"添加图层蒙版"按钮，会在这个图层上添加一个蒙版。然后点选工具栏里面的渐变工具，在顶部的工具选项中选择"前景色到透明渐变"。将前景色选为黑色，将渐变工具的光标移动到画布上，从垂直翻转的图片的底端往上拖动到，可以看到图片变成了渐隐的效果，如图 1-163 所示。

图 1-163　渐隐的效果

（4）选中垂直翻转的图片所在的图层，将填充设置为 40%。倒影效果便完成了，如图 1-164 所示。

3. 层叠效果

（1）绘制一个带白色边框的图片，如图 1-165 所示。

图 1-164　倒影效果　　　　　　　　　　　　　　　　　　　　图 1-165　白色边框图片

（2）设置混合选项里面的描边选项，内部描边 1 px，采用浅灰色。效果如图 1-166 所示。

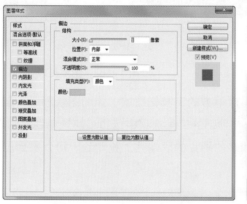

图 1-166　效果

（3）用"矩形工具"绘制一个白色矩形，同样设置一样的描边。调整宽度，使它左右各缩进 3 px。这样绘制了叠起来的另一张照片，效果如图 1-167 所示。

图 1-167　效果

（4）调整第二层的大小和位置，让它只向下露出来 3 px。继续重复刚才的做法，绘制第三层，如图 1-168 所示。

（5）绘制好第四层后，最终的层叠效果便完成了，如图 1-169 所示。

图 1-168　绘制第三层

4．折角效果

（1）复制利用刚刚绘制过的这张图片，如图 1-170 所示。

（2）使用删除锚点工具，删除黑色正方形右上角的那个锚点。效果如图 1-171 所示。

图 1-169　层叠效果　　　　图 1-170　图片　　　　　　　图 1-171　效果

（3）设置这个黑色三角形的图层混合模式，参数如图 1-172 所示。

图 1-172　参数

（4）得到一个卷角效果的雏形，效果如图 1-173 所示。用直接选择工具选取三角形卷角左下放的锚点，调整它的位置，效果如图 1-174 所示。

（5）使用钢笔工具绘制一个如图 1-175 所示的路径，将路径转化为选区，然后羽化这个选区，羽化半径为

图 1-173　效果　　　　　图 1-174　效果　　　　　　　图 1-175　路径

4 px。

　　（6）用黑色填充羽化过后的选区，效果如图 1–176 所示。

　　（7）用选区选择图片和卷角以外的部分，并将它们删除，如图 1–177 所示。

　　（8）得到如图 1–178 所示的效果。

　　（9）将卷角的投影透明度改为 40%，并用橡皮擦工具微微擦掉一些不柔和的地方，如图 1–179 所示。

　　（10）加上讲过的投影的制作中的同样的投影，便完成最终的效果，如图 1–180 所示。

图 1–176　效果

图 1–177　删除选择图片和卷角以外部分

图 1–178　效果

图 1–179　透明度

图 1–180　最终效果

第二章

桌面软件界面设计实例

ZHUOMIAN RUANJIAN JIEMIAN SHEJI SHILI

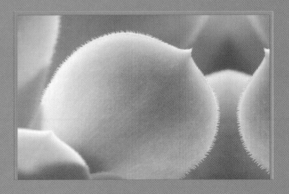

第一节　即时通信软件界面设计实例

一、登录界面

（1）登录界面（见图 2-1）是即时通信软件必需的界面，也是用户第一次看到的界面。

登录界面除了要传递品牌信息外，还要提供一个清晰简便的登录流程，方便用户快速地登录成功并使用。所以它的层次结构和视觉引导流程是很重要的。

看图 2-1 的流程：首先是"DTlak"标志，属于品牌信息，它当然是很重要的，所以放在首要的地位。

接着是默认软件用户的用户名、密码等填写的区域，可以看到登录按钮很大，方便用户轻松地找到。

再次是通过其他的账户方式登录，这两个按钮也很大，目的是让没有注册的用户通过便捷的方式也能使用这个软件。

最后提供没有任何一个以上账户的用户注册的功能，让他们来注册使用。

可以看到层次和视觉引导很好地给用户提供了一个流程，由上到下，由简单到复杂。

下面介绍怎么绘制这样一个登录界面。

（2）打开 Photoshop，新建一个画布，参数如图 2-2 所示。

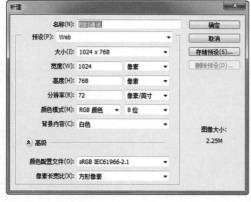

图 2-1　登录界面　　　　　　图 2-2　"新建"对话框　　　　　　图 2-3　画布背景

（3）找到一张摄影图片作为画布的背景，如图 2-3 所示。这样做的好处是能检查设计在一个有桌面图片的背景下能否清晰地显示，而较少受背景的影响。这也引出每做一个设计时都要考虑用户的使用环境的问题。

（4）使用圆角矩形工具绘制一个浅灰色的形状图层。这个将作为软件的基础尺寸。笔者设置的是 300 px × 600 px，圆角半径为 6 px，如图 2-4 所示。

（5）设置圆角矩形的混合样式，参数如图 2-5 和图 2-6 所示，得到效果如图 2-7 所示。这样的白色内描边和黑色的外发光没有色相，而且它们的对比相当强烈，所以不会被使用环境中的任何背景颜色所干扰。

（6）绘制一个 logo 图形，使用绿色填充。这里笔者作为示例选用了一个文字 logo，当然可以自己绘制需要的图形 logo 或图形文字组合而成的 logo。logo 的设计属于另外的学科，这里主要讲界面的设计（见图 2-8）。

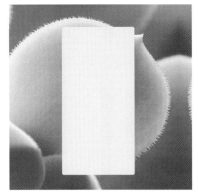

图 2-4　形状图层

图 2-5　参数 1

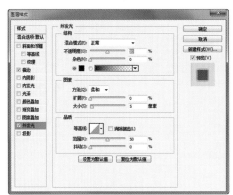

图 2-6　参数 2

图 2-7　效果　　　　　　　图 2-8　界面的设计

（7）设置 logo 的混合选项，参数如图 2-9 所示。

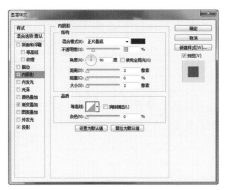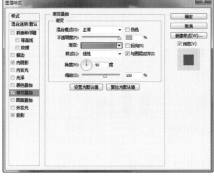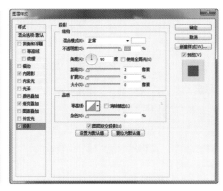

图 2-9　参数

（8）得到效果如图 2-10 所示，塑造一个向内凹陷的效果。

（9）使用"矩形工具"绘制高为 1 px 的浅灰色线，作为 logo 和下边内容的分隔线，如图 2-11 所示。

（10）选中分隔线所在的图层，点击图层面板底部的"添加图层蒙版"选项。

前景色设置为黑色，接着在工具栏中选择"渐变工具"，并在顶部的选项中选择渐变模式为："前景色到透明"和"线性渐变"。图层处理如图 2-12 所示。

（11）选中刚才创建的图层蒙版（见图 2-13），画布上使用渐变工具从左到右拖动一个渐变，再从右往左拖动另一个渐变。

（12）得到如图 2-14 所示的效果，由于在图层蒙版内拖动了两个渐变，故画布上线的两端出现渐隐效果。

图 2-10 效果

图 2-11 分隔线

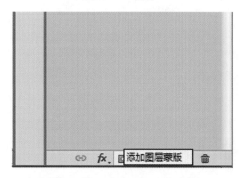

图 2-12 图层处理

图 2-13 图层蒙版

图 2-14 效果

（13）新建一个图层（见图 2-15），使用"渐变工具"在画布顶端绘制一个如图所示的径向渐变。这时"渐变工具"顶部的选项中渐变模式一样为"前景色到透明"，但是另一个选型需要选中"径向渐变"。

（14）移动这个径向渐变图层到画布中间，自由变换改变它的大小和高度，如图 2-16 所示。

（15）大小调整到图 2-17 的样子，复制一个一样的图层。垂直翻转上方的那个渐变。

（16）上面一个渐变使用白色填充，下方的渐变使用与分隔线同样的灰色填充。将这三个元素摆放到一起，注意分隔线在中间，和两个渐变刚好上下衔接。得到如图 2-18 所示的效果：这样一个凸起效果的分隔线便完成了。

图 2-15 新建一个图层　　　　　　　　　　图 2-16 改变大小和高度

图 2-17 大小调整　　　　　　　　　　　　图 2-18 效果

（17）在右上角绘制最小化、还原、关闭三个按钮，还要考虑加上动态视觉反馈的效果，如图 2-19 所示。

（18）绘制一个圆角矩形使用灰色填充，设置一个描边，参数如图 2-20 所示。

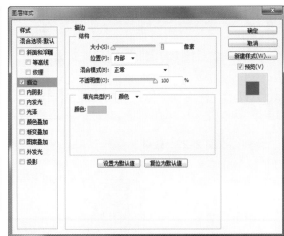

图 2-19 三个按钮　　　　　　　　　　　　图 2-20 参数

（19）绘制如图 2-21 所示的基础形状：两个输入框和一个登录按钮，并添加文字，编排出基本的版式。

（20）设置输入框的混合样式，参数如图 2-22，得到效果如图 2-23 所示。

（21）设置登录按钮的混合样式，参数如图 2-24 所示。

（22）按钮效果如图 2-25 所示。

（23）按照第一章讲到的方法绘制复选框和复选项，还有一个"忘记密码?"的超链接。

这样软件注册用户的登录区域便完成了，如图 2-26 所示。

（24）绘制其他账户类型的登录入口，绘制两个白色的圆角矩形形状，如图 2-27 摆放。

  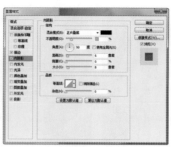 

图 2-21　基础形状　　　　　　　　　　　　　　　　　图 2-22　参数

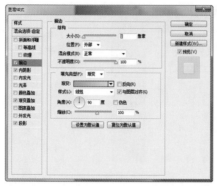 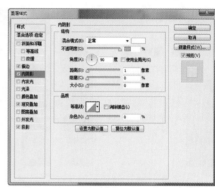

  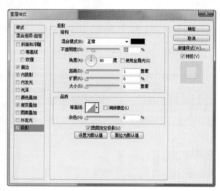

图 2-23　效果　　　　　　　　　　　　　　　　　　图 2-24　参数

图 2-25　按钮效果　　　　　　　图 2-26　登录区域　　　　　　　图 2-27　摆放

（25）设置两个按钮的混合选项，得到如图 2-28 效果。

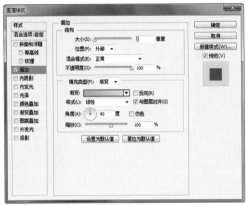  

图 2-28 效果

（26）添加图标和文本，图标可以去网上搜索素材图片制作，如图 2-29 所示。

（27）绘制底部的注册功能入口，首先绘制一条灰色的线作为和上方内容的区隔，如图 2-30 所示。

（28）添加文字超链接在底部的位置，注意水平和垂直居中对齐，如图 2-31 所示。

（29）整个登录界面便完成了，如图 2-32 所示。

图 2-29 添加图标和文本　　　图 2-30 功能入口　　　图 2-31 水平和垂直居中对齐　　　图 2-32 登录界面

二、消息界面和好友界面

（1）消息界面和好友界面属于即时通信软件的主要界面，界面承载的是消息列表和好友列表。这两个功能比较重要，因此设置为前两个 Tab，用户很快能找到最重要的功能，而且可以快速切换常用功能。这就是所追求的适合的设计方案。

下面介绍绘制消息界面和好友界面，如图 2-33 所示。

（2）使用圆角矩形工具绘制一个浅灰色的形状图层（见图 2-34），尺寸为 300 px×600 px，圆角半径为 6 px。同样设置白色内描边和黑色的外发光。

（3）绘制一个白色形状图层，作为顶部功能区，如图 2-35 所示。

（4）设置白色形状的混合选项，参数如图 2-36 所示。

（5）得到如图 2-37 所示的效果。这一部分采用没有色相的灰色渐变来划分功能区域，将存放用户信息、菜单和控制窗口的按钮。

图 2-33　界面

图 2-34　形状图层

图 2-35　顶部功能区

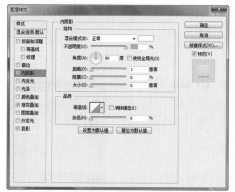

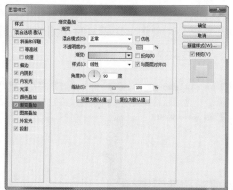

图 2-36　参数

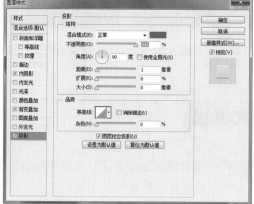

图 2-37　效果

（6）先同样绘制最小化、还原、关闭窗口按钮（见图 2-38）。刚才已经绘制过，可以直接拖曳图层过来用。

（7）接着绘制一个正方形矩形作为存放用户头像的区域（见图 2-39），注意有向内白色描边 1 px。还要添加用户名称和用户个性签名，注意区分它们的对比，用户名采用对比强烈的黑色，个性签名采用低对比度的灰色，同时定义个性签名的最大宽度，当文字超过最大宽度时用省略号表示。

（8）使用一张图片作为头像，放在定义好的头像区域内，如图 2-40 所示。

（9）绘制一个如图 2-41 所示的菜单按钮，有下箭头的指向，代表下方有隐藏的菜单项。将一些相对次要或

图 2-38　窗口按钮　　　　　　　　图 2-39　存放用户头像的区域　　　　　　图 2-40　头像

使用频次没有那么高的功能安放在这里面。

（10）菜单按钮的混合选项参数如图 2-42 所示。

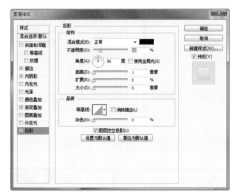

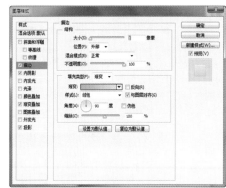

图 2-41　菜单按钮　　　　　　　　　　　　　　　图 2-42　选项参数

（11）绘制承载主要功能的 Tab 栏，绘制一个宽度为 100 px 的绿色矩形，也就是整个宽度的 1/3，如图 2-43 所示。

（12）设定这个绿色矩形的混合样式，参数如图 2-44 所示。效果如图 2-45 所示。

（13）向左复制两个同样的矩形，排成一行，如图 2-46 所示。

（14）选中左侧第一个矩形，重新定义它的混合样式。因为要把它改变成聚焦状态的 Tab。那么它的视觉属性必须要异于右边两个 Tab。参数如图 2-47 所示。

（15）效果如图 2-48 所示。

图 2-43　Tab 栏　　　　　　　　　　　　　　　　　图 2-44　参数

图 2-45　效果　　　　　　　　　　　　　　　　　图 2-46　矩形

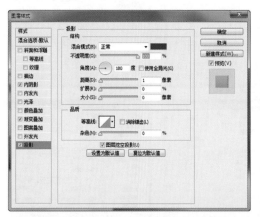
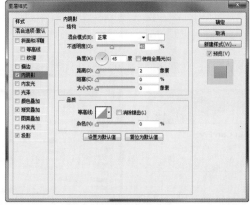

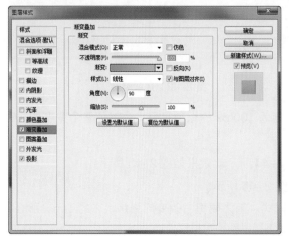

图 2-47　参数

图 2-48　效果　　　　　　　　图 2-49　颜色和高光一致　　　图 2-50　绘制 Tab 栏的图标和文字

（16）绘制一根宽度为 1 px 的线作为聚焦状态左边沿的高光。颜色和上沿的高光一致，必须精细到每一像素，如图 2-49 所示。

（17）绘制 Tab 栏的图标和文字如图 2-50 所示。注意聚焦状态的图标和文字是白色，非聚焦状态的图标和文字是浅灰色。

（18）这时发现前期设定的顶部用户信息区域的底部投影是深灰色，和绿色系的 Tab 栏衔接不上。这时选中顶部区域的背景形状，改变投影的颜色为深绿色，色值如图 2-51 所示。

（19）改好以后效果如图 2-52 所示。

图 2-51　色值　　　　　　　　　　　　　　　　　　　　　　　图 2-52　效果

（20）上部基本完成，下面来定义底部。原因是由于外轮廓是圆角矩形，不利于中间列表区域内容的显示。绘制一个如图 2-53 所示的灰色形状。

（21）设置混合选项，参数如图 2-54 所示。

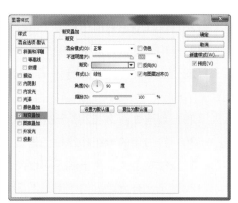

图 2-53　灰色形状　　　　　　　　　　　　　　图 2-54　参数

（22）效果如图 2-55 所示。这样中间的空白区域自然就是列表区域。

（23）创建一个列表的最大高度，同时也是选中状态的高度。在高度内放置好友的头像、信息内容还有最后留言的时间信息，如图 2-56 所示。

（24）同样的方法创建其他好友发送的消息，高度和间隔都需要标准一致。最好考虑更全面的情景，例如表情和消息过长显示不完的情况，如图 2-57 所示。

图 2-55　效果

图 2-56　信息

图 2-57　好友发送的消息

（25）绘制黑色的圆角矩形作为滚动条（见图 2-58），透明度调整为 30%。注意在设定消息的最大宽度和时间的位置时，要与滚动条保持一些间距，避免影响用户阅读。

图 2-58　滚动条

（26）这样消息界面便完成了，如图 2-59 所示。接着绘制类似但有些差异的好友界面。

（27）用上面讲过的方法绘制如图 2-60 所示的基础界面。注意当前聚焦状态是"好友"。

（28）在 Tab 的下方绘制一个搜索框，用于查找好友。方法和登录界面的输入框是一致的，如图 2-61 所示。

（29）创建如图 2-62 所示的白色分组标题栏，用以定义好友的不同分组。

（30）给白色的分组标题栏创建混合样式，让它看起来是可以点击的按钮。参数如图 2-63 所示。

（31）绘制箭头，用于表示可以向上折叠列表项内容，如图 2-64 所示。

（32）定义好分组后的效果如图 2-65 所示。

（33）在分组的各自区域内，创建好友信息。同时设定一个选中状态效果，如图 2-66 所示。

图 2-59　消息界面

图 2-60　基础界面

图 2-61　搜索框

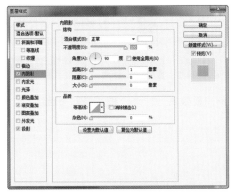

图 2-62　标题栏

图 2-63　参数

图 2-64　绘制箭头

图 2-65　定义好分组

图 2-66　选中状态效果

（34）绘制如图 2-67 所示的消息提示，数字为未读消息的数量。这种设计让用户很容易注意到消息的存在，比满屏闪烁的头像要优雅一些，把去不去看这些信息的选择权交给用户自己。

（35）最终完成效果如图 2-68 所示。

（36）同时设计一个折叠后的效果，如图 2-69 中的"家人"的分组。注意此时的箭头是向下的，暗示下面有隐藏的内容。

（37）同样绘制滚动条，注意消息提示和滚动条之间的间隔，如图 2-70 所示。

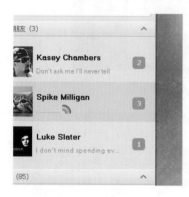  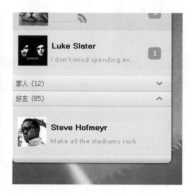 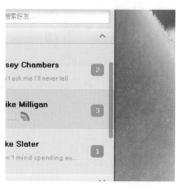

图 2-67　消息提示　　　图 2-68　最终完成效果　　　图 2-69　分组　　　图 2-70　绘制滚动条

三、对话窗口

（1）对话窗口是即时通信软件的核心功能界面。当与一个好友即时对话时，需要有对话记录和时间，需要有编辑消息的输入区域，以及其他的功能，例如发送表情和传送文件等，如图 2-71 所示。

（2）使用圆角矩形工具绘制一个浅灰色的形状图层，尺寸是 270 px×526 px，圆角半径为 6 px。同样设置白色内描边和黑色的外发光，如图 2-72 所示。

（3）用上面讲过的方法绘制一个好友信息区域，同样绘制三个改变窗口状态的按钮，如图 2-73 所示。

（4）定义好友信息，包括头像大小、用户名和个性签名，字体和字号应和其他界面保持一致，如图 2-74 所示。

图 2-71　对话窗口　　　图 2-72　形状图层　　　图 2-73　绘制窗口状态按钮　　　图 2-74　定义好友信息

（5）用同样的方法定义底部（见图 2-75）。这样也就定义出中间的对话区的大体高度。这时还要先定义滚动条的位置，这样的好处是让我们知道对话气泡应该处于什么位置而不被滚动条影响。

（6）先来创建一个好友的消息对话气泡（见图 2-76）。添加一段假想的对话记录，绘制一个灰色的圆角矩形定义这条对话记录的高度。

（7）使用钢笔工具绘制如图 2-77 所示的形状，给对话气泡加上一个小尾巴，形状选项选择："交集"。

（8）在这条对话记录的后面添加时间信息，注意用对比度低的颜色，因为对话本身是重要的。这里需要强调，时间信息是辅助的信息，是次要的。

由于时间信息占用了一定的宽度，当发现定义的对话的宽度太宽时，就要向左缩进调整对话的最大宽度，如图 2-78 所示。

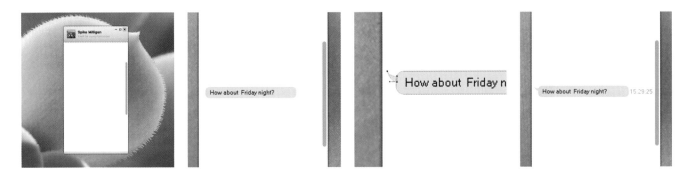

图 2-75　定义底部　　　　图 2-76　创建对话气泡　　　　图 2-77　形状选项　　　　图 2-78　添加时间信息

（9）选中对话气泡的灰色圆角矩形，设置它的混合选项。参数如图 2-79 所示。

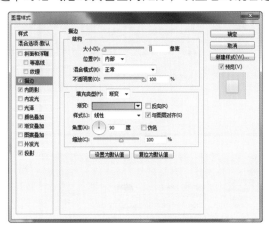
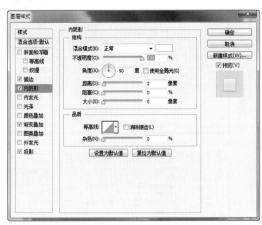
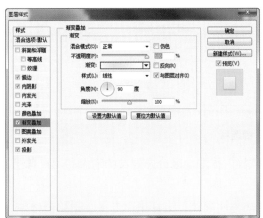
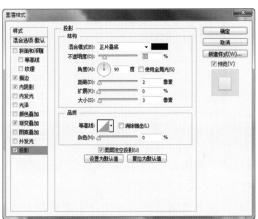

图 2-79　参数

（10）定义对话气泡的视觉属性（见图 2-80），看起来像个微微浮起的气泡，这个视觉属性更强调了消息本身。

（11）定义用户本身的对话记录（见图 2-81），为了和好友的对话区别开来，在视觉属性上应当做到差异化明显。所以绘制了个绿色的对话气泡，方位属性也和好友的对话记录相反。

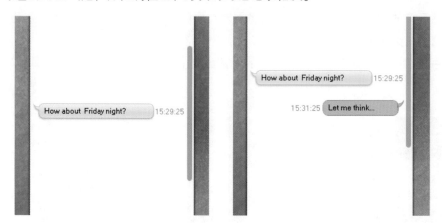

图 2-80　视觉属性　　　　　　　　　图 2-81　对话记录

（12）同样设置绿色对话气泡的混合选项，参数如图 2-82 所示。

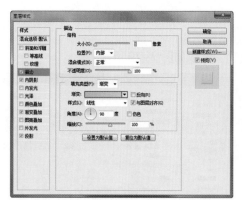
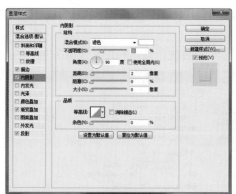
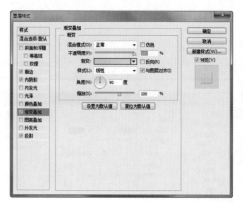
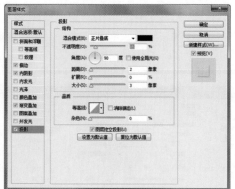

图 2-82　混合选项

（13）得到效果如图 2-83 所示，这样使用视觉属性的差异，很好地区分开好友的消息和用户自己的回复。目前，对话记录的基本样式定义完成。

（14）当然还要考虑消息的长度超过定义的最大宽度时的换行问题，以及用户发送表情时的情况，如图 2-84 所示。

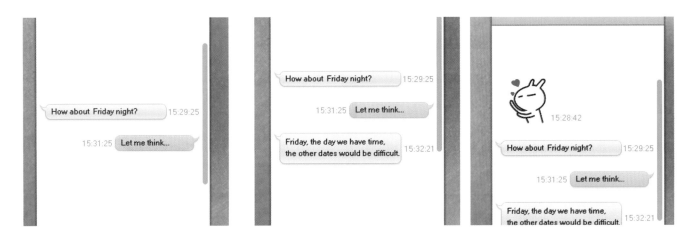

图 2-83　效果　　　　　　　　　　　　　　　　　　　　　　图 2-84　换行

（15）定义消息输入区域的高度，然后调整对话记录在显示区域的真实合理位置，如图 2-85 所示。

（16）定义一个动作栏，用以盛放"发送文件"按钮和"表情"按钮，如图 2-86 所示。

（17）给"发送文件"按钮和"表情"按钮创建图标和文字。那么动作栏和底部之间的区域自然成为文本输入的区域，如图 2-87 所示。

（18）这里并没有设置发送的按钮，原因是按键盘的 Enter 键或按"Ctrl+Enter"键发送消息已经成为一个习惯的用法。大家都知道这件事，而且更有效率。当然假如设计的产品是给没有计算机操作经验的用户使用时，要慎重考虑这一点。

最终完成的效果如图 2-88 所示。

图 2-85　消息输入区域　　　　　　图 2-86　定义动作栏

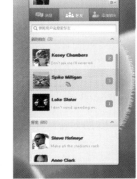

图 2-87　创建图标和文字　　　　　　图 2-88　最终完成效果

四、系统菜单和个人信息界面

（1）系统菜单盛放的是一些相对次要或使用频次没有那么高的功能。通过暂时隐藏的办法使界面整体比较简洁，同时在要使用的时候也能方便地找到。

首先打开之前绘制好的好友界面。

（2）在系统菜单按钮的下方绘制一个如图 2-89 所示的圆角矩形作为下拉列表区域。

（3）选中圆角矩形，设置它的混合选项中的描边。这次选用一个深灰色作为描边，原因是要在界面整体和背景之上凸显这个下拉列表区域，如图 2-90 所示。

图 2-89　绘制下拉列表区域　　　　　　　　图 2-90　凸显下拉列表区域

（4）得到效果如图 2-91 所示。

（5）定义下拉列表中的每一个选项，同时定义一个光标滤过时的动态视觉提示的样式，同样注意与整体风格保持一致，如图 2-92 所示。

（6）创建系统菜单按钮按下时的状态（见图 2-93）。首先选中图标部分，将之前的深灰色颜色调整为黑色。然后选中按钮部分的圆角矩形，改变它的混合选项设置。

图 2-91　效果　　　　图 2-92　定义下拉列表中的每一个选项　　　　图 2-93　按钮按下时的状态

（7）参数如图 2-94 所示，效果如图 2-95 所示。

（8）完成效果如图 2-96 所示。

（9）绘制个人信息界面（见图 2-97），设计成点击主界面的头像或用户名时在左侧弹出一个界面来显示个人信息。所以在用户头像左侧绘制一个如图的圆角矩形。同样设置白色内描边和黑色的外发光。

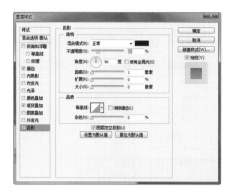 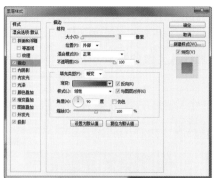 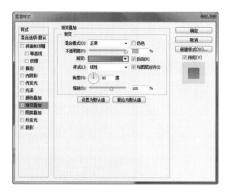

图 2-94　参数

（10）绘制一个如图 2-98 所示的灰色形状，定义标题栏的高度。

图 2-95　效果　　　　图 2-96　完成效果　　　　图 2-97　个人信息界面　　　图 2-98　定义标题栏的高度

（11）设置标题栏的混合选项（见图 2-99），达到如图 2-100 所示的效果。

图 2-99　设置选项

图 2-100　效果

（12）添加标题和关闭按钮，注意水平居中，如图 2-101 所示。

（13）方法和之前一样，定义用户头像的大小和位置，定义用户名和个性签名字体、大小和最大宽度。需要注意的是此时的用户头像的尺寸较大，因为这是头像的预览界面，同时也是修改头像的地方，需要让用户看到清晰的头像图片，如图 2-102 所示。

（14）在用户个性签名的下方创建一个绿色的按钮，定义为"查看个人资料"的入口。用户的详细的信息例如：用户名、生日、血型、爱好、联系方式等不常更改的信息将放置在单独的界面，如图 2-103 所示。

图 2-101　标题和关闭按钮

图 2-102　头像图片

图 2-103　信息

（15）按钮的混合选项参数如图 2-104 所示。

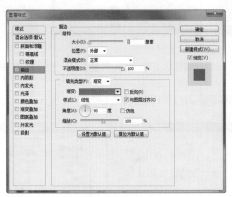

图 2-104　混合选项参数

（16）绘制一个修改图像的按钮。在头像的底部绘制一个黑色矩形，如图 2-105 所示。

（17）将黑色矩形的透明度设置为 50%，并加上"更换图片"的文字。

这便是修改头像的入口，为了不影响美观，定义这个按钮只有光标掠过头像时才显示，如图 2-106 所示。

（18）最终完成效果如图 2-107 所示。

图 2-105　黑色矩形

图 2-106　更换图片按钮

图 2-107　效果

第二节　在线视频软件界面设计实例

一、视频媒体库界面

（1）一个在线视频软件主要由视频媒体库和播放器组成。在媒体库中有大量的视频资源，用户查找感兴趣的内容观看，或者直接观看程序推荐的内容。所以视频媒体库的设计需要很好地考虑两个方面：推荐内容的方式和查找内容的方式。

下面介绍设计制作视频媒体库界面（见图2-108）。

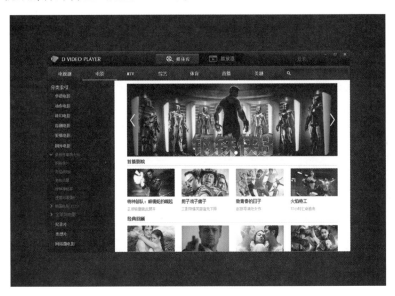

图2-108　视频媒体库界面

（2）打开 Photoshop，新建画布（见图2-109）。命名为：Video Player。画布大小为 1 280 像素×1 024 像素，分辨率为 72 像素/英寸，颜色模式为 RBG 颜色。

（3）使用深灰色填充，也可以添加一些杂色创建粗糙的质感。接着给背景图层创建黑色的内投影，效果如图2-110 所示。

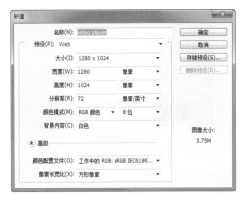

图2-109　新建画布

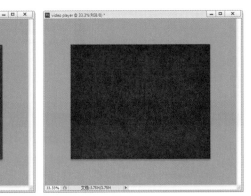

图2-110　效果

（4）如图 2-111 所示在背景上方绘制一个条状，作为标题栏。上面将承载软件名称和标志，Tab 选项和窗口状态按钮。

（5）设置这个标题栏的混合选项参数，如图 2-112 所示，要给它创建质感和体积。

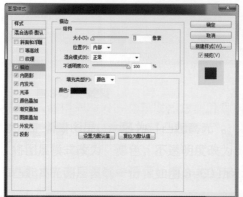
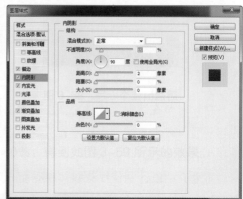
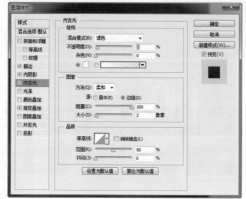
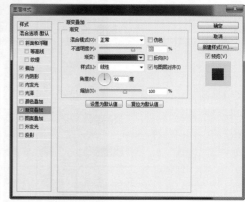

图 2-111　条状　　　　　　　　　　　　　　图 2-112　标题栏混合选项参数

（6）效果如图 2-113 所示。

（7）绘制一个白色矩形（见图 2-114），定义软件主体区域的高度。

（8）将白色矩形的描边设置为黑色（见图 2-115），向内描边，大小为 1 像素。

图 2-113　条状效果

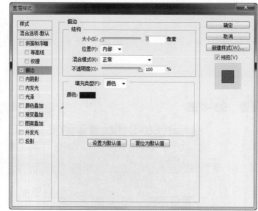

图 2-114　白色矩形　　　　　　　　　　图 2-115　描边设置为黑色

（9）在标题栏的左侧创建软件的 logo 和软件名称，在右侧创建控制窗口状态的三个按钮并用分隔线分隔，如图 2-116 所示。

（10）定义关闭按钮在光标掠过时的动态视觉暗示。用醒目的红色来暗示关闭按钮按下后的结果，其他两个按钮可以用稍亮的灰色。按钮设置如图 2-117 所示。

图 2-116　创建软件的 logo 和软件名称　　　　　　　　　　　图 2-117　按钮设置

（11）关闭按钮的红色视觉提示，设置参数如图 2-118 所示。

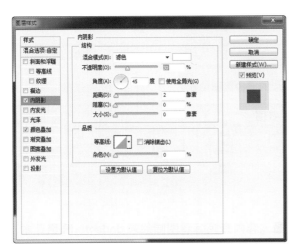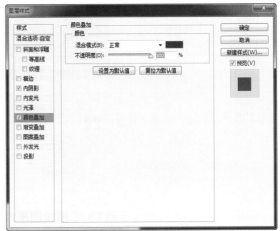

图 2-118　设置参数

（12）在标题栏的中间区域绘制一个圆角矩形，定义 Tab 的位置和尺寸，如图 2-119 所示。

图 2-119　定义 Tab 的位置和尺寸

（13）设置 Tab 圆角矩形的混合选项参数，如图 2-120 所示。

（14）得到如图 2-121 所示的向内凹陷的效果。

（15）绘制一个灰色的圆角矩形（见图 2-122）作为聚焦状态的选项，尺寸为 Tab 整体的 1/2，高度要比 Tab 整体上下各缩进 1 像素，使它看起来在凹陷区域的内部。

（16）设置聚焦状态圆角矩形的混合选项参数，如图 2-123 所示。

（17）效果如图 2-124 所示。

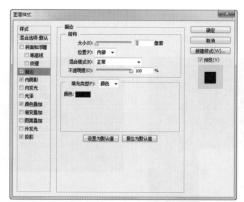

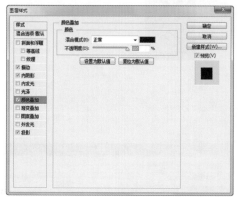
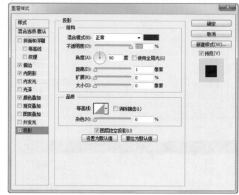

图 2-120　Tab 圆角矩形的混合选项参数

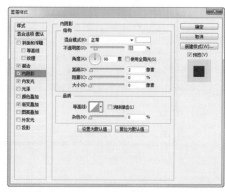

图 2-121　向内凹陷的效果

图 2-122　圆角矩形

图 2-123　聚焦状态圆角矩形的混合选项参数

（18）创建 Tab 项的图标和文本，并添加内投影图层样式，如图 2-125 所示。

（19）选中聚焦状态的图标和文本，创建新的混合选项样式，参数如图 2-126 所示。

（20）得到效果如图 2-127 所示，用高亮来标志当前的聚焦状态。

图 2-124　圆角矩形效果图

图 2-125　创建图标和文本

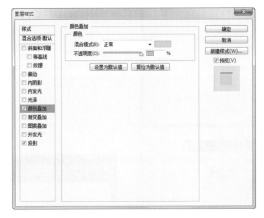
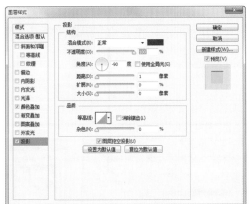

图 2-126　图标和文本参数

（21）创建一个登录的入口在右侧的位置，如图 2-128 所示。

图 2-127　Tab 效果图

图 2-128　创建一个登录的入口

（22）这样标题栏的整体制作完成，效果如图 2-129 所示。

（23）为了方便分清众多的层次和图层，在图层面板新建分组"top"，将所有的标题栏元素图层放置在这个分组内，同时锁定背景图层和主题尺寸图层，以免改动其位置。在工作时最好养成分组整理的习惯，这将有利于理清层次和提高效率。图层如图 2-130 所示。

（24）绘制视频类型的分类（见图 2-131），它是一个 Tab 栏，起到了在查找内容时导航的作用。

紧靠着标题栏下方绘制一个灰色的矩形，定义分类 Tab 栏的高度。

图 2-129　标题栏

图 2-130　图层

图 2-131　绘制视频类型分类

（25）设置 Tab 栏的混合选项，如图 2-132 所示。

（26）得到如图 2-133 所示的效果。

（27）在右侧定义一个区域放置搜索框，方便用户使用键盘输入来直接查找感兴趣的内容，如图 2-134 所示。

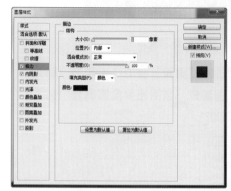
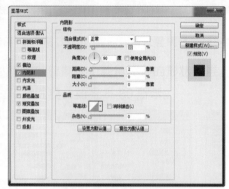

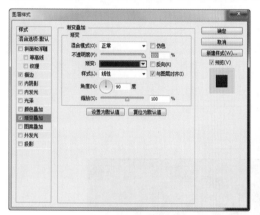

图 2-133　标题栏效果图

图 2-132　设置 Tab 栏的混合选项

图 2-134　搜索框

（28）设置搜索框的混合选项，让它的视觉属性和 Tab 栏的整体效果保持一致，如图 2-135 所示。

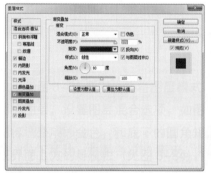
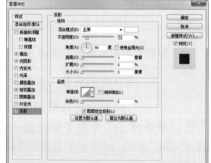

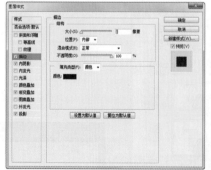
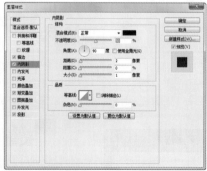

图 2-135　设置搜索框的混合选项

（29）效果如图 2-136 所示，同样创建出凹陷的效果，但是它的视觉属性应从属于 Tab 栏的整体效果，不能比标题栏上的两个 Tab 选项突出。

（30）绘制一个放大镜图形表示这是一个搜索框，如图 2-137 所示。

图 2-136　搜索框效果图　　　　图 2-137　绘制放大镜图形

（31）左侧空出来的宽度就是 Tab 栏的主体区域，创建一些分类标题等距排列在左侧的空间。目前来看这个整体，Tab 栏的层次结构是在标题栏之后，通过上下位置、对比度、尺寸等视觉属性来区分它们，如图 2-138 所示。

（32）同样也需要在 Tab 栏中创建一个聚焦状态，使用高亮和底部的下画线来表示聚焦状态为"电影"分类，如图 2-139 所示。

（33）创建第三个层次：左侧的分类索引（见图 2-140），绘制一个黑色矩形来定义其宽度。

图 2-138　Tab 栏的主体区域

图 2-139　"电影"分类　　　　图 2-140　左侧的分类索引

（34）设置黑色矩形的混合选项，如图 2-141 所示。

（35）定义滚动条的位置，这方便定义分类索引的最大宽度，如图 2-142 所示。

（36）创建一个文本"分类索引"作为标题，如图 2-143 所示。

（37）创建分类索引的分类层级，这实际上是一个树形结构。

首先创建父级的分类（见图 2-144），例如：华语电影、动作电影、科幻电影等。在左侧绘制更多精简状态的按钮，这样能折叠这一层级，以显示更多的内容。

其次创建父级下面的子集和子集的子集（见图 2-145），同样设置可以折叠的按钮。这里一共创建了三个层

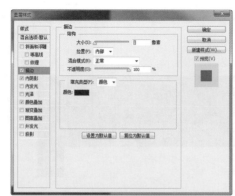
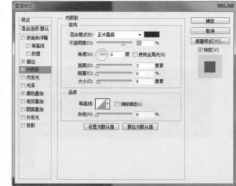

图 2-141　黑色矩形的混合选项

图 2-142　定义滚动条的位置

图 2-143　标题

图 2-144　父级的分类

图 2-145　子集和子集的子集

级，第三级已经是精确的内容了。建议大家在设计时不要超过三个层级，太多的层级会使用户迷失在复杂的路径中，对于用户体验可不是什么好事。注意不同的层级字体的颜色和大小是有区别的，目的同样是让层次结构清晰。

（38）完成左侧分类索引后，设计右侧的推荐内容。首先设计一个热点内容推荐功能，把它设计成巨幅海报的轮播形式，来向用户推荐最新最热的内容，在视觉上吸引用户去查看。

绘制一个黑色矩形来定义轮播区的尺寸，如图 2-146 所示。

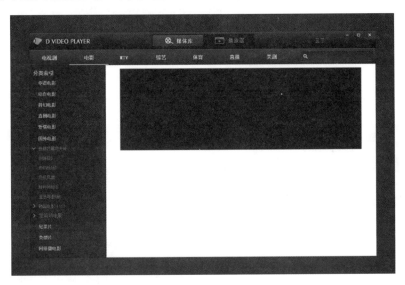

图 2-146　轮播区的尺寸

（39）用一组圆点来进行导航，标明一共有多少张图片，高亮的圆点代表当前看到的图片的位置，如图 2-147 所示。

（40）选择一张电影海报放置在轮播区域，作为一个样例。轮播区域的图片一定要采用具有强烈视觉效果的图片，视觉效果强烈的图片会引起用户的兴趣，从而与内容交互，如图 2-148 所示。

（41）在轮播区的右侧绘制一个向右的箭头作为用户向右翻页查看的按钮，让用户可以自行的翻看所有的轮播图片，而不是傻傻地等着程序慢慢地播放，如图 2-149 所示。

图 2-147　导航　　　　　　　图 2-148　轮播区图片选择　　　　　图 2-149　轮播图片

（42）同样在左侧也绘制一个向左的按钮，用于向左翻页，如图 2-150 所示。

（43）轮播区完成了，接着设计其他形式的推荐内容。设计成类似章节或专辑的分类，来向用户推荐其可能感兴趣的内容，例如"首播影院"和"经典回顾"这样的分类。

在轮播区下方定义一个文本标题和浅灰色的分隔线，如图 2-151 所示。

（44）在这个分类下创建电影的海报缩略图、电影名称和剧情介绍，注意每部电影之间的垂直间距，要成块状分隔开。在块的内部也区分层次，例如标题颜色的对比度大，简介的对比度小，如图 2-152 所示。

（45）使用同样的方法，创建另一个分类的内容（见图 2-153）。由于主题的高度限制，隐藏了一部分内容。

（46）在右侧创建一个滚动条，标明下方还有更多的内容。这样，视频媒体库界面便完成了，如图 2-154 所示。

图 2-150　向左的按钮

图 2-151　标题和分隔线

图 2-152　成块状分隔开

图 2-153　另一个分类的内容

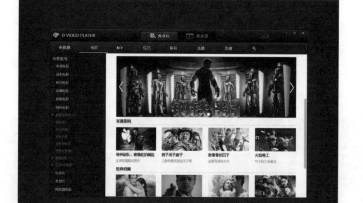

图 2-154　视频媒体库界面

二、视频详情界面

（1）视频详情界面是当用户在左侧分类索引中找到精确内容并单击后，在右侧内容区显示的详细信息，如图 2-155 所示。

（2）设计视频详情界面如图 2-156 所示。打开刚才制作好的视频媒体库界面，删除右侧白色区域的推荐内容，保留一个空白的视图。

在某个电影也就是第三级内容上绘制一个如图 2-156 的灰色矩形，来显示聚焦状态。

图 2-155　视频详情界面示例图

（3）选中这个矩形，建立蒙版，如图 2-157 所示。使用以前讲过的方法绘制出两端渐隐的效果。

图 2-156　绘制灰色矩形　　　　　　　　　　图 2-157　建立蒙版

（4）在视图中创建电影海报缩略图、电影名称标题和电影的介绍信息，注意字体字号的变化和节奏，如图 2-158 所示。

（5）定义电影简介的最大高度，并设置一个"详细"按钮来隐藏过多的文字信息（见图 2-159），当用户需要查看时可以通过点击"详细"按钮来查看完整信息。

图 2-158　电影信息　　　　　　　　　　图 2-159　设置一个"详细"按钮

（6）紧靠下方，绘制两个蓝色按钮，色相和界面的所有的聚焦状态一致，如图 2-160 所示。

（7）设置按钮的混合选项，如图 2-161 所示。

（8）得到效果如图 2-162 所示。

（9）创建按钮上的图标和文本，如图 2-163 所示。

（10）创建影片的评分信息，播放次数信息和评分按钮，在视觉属性上使它们成为一组元素，如图 2-164 所示。

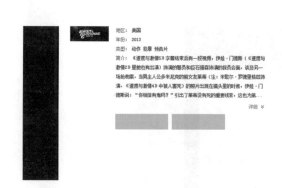

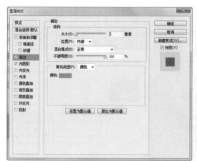

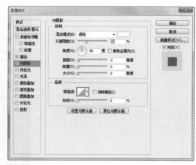

图 2-160　两个蓝色按钮　　　　　　　　　　图 2-161　设置按钮的混合选项

演，《速度与激情4》中被人害死）的照片出现在镜头里的时候，伊　　演，《速度与激情4》中被人害死）的照片出现在镜头里的时候，伊
德斯说："你相信有鬼吗？"引出了莱蒂没有死的重要线索，这也　　德斯说："你相信有鬼吗？"引出了莱蒂没有死的重要线索，这也

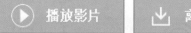

图 2-162　按钮效果　　　　　　　　　　图 2-163　创健图标和文本

（11）在影片评分信息下方创建分享到社交网站的按钮和分享次数信息（如图 2-165），注意这些信息整体形成了一个块状，区分于左侧的影片信息。

图 2-164　评分、播放信息和评分按钮　　　图 2-165　按钮和分享次数信息

（12）在下方同样创建其他的推荐内容，让用户有更多的选择的可能。

这样视频详情界面便完成了，如图 2-166 所示。

三、视频播放器界面

（1）当用户在视频详情界面点击播放按钮后，便切换到了视频播放的界面，如图 2-167 所示。此时界面由标题栏、播放列表和视频播放区组成。下面介绍如何绘制视频播放器界面。

（2）复制之前绘制的标题栏，将聚焦状态定义为："播放器"选项，如图 2-168 所示。

（3）绘制深灰色矩形定义主体区域的高度，同样给它设置 1 像素向内黑色描边，如图 2-169 所示。

（4）使用分类索引的绘制方法绘制播放列表。这里要增加一个正在播放的状态标志，也就是当播放图 2-170中"第 02 集"的时候要让用户明确地知道这一集是正在播放状态，将"第 02 集"用蓝色高亮标志。

（5）在左侧绘制一个醒目的播放图标（见图 2-171），强调聚焦状态，原因是看到了第几集是用户非常关心的信息。

图 2-166　视频详情界面完成图

图 2-168　"播放器"选项

图 2-167　视频播放的界面

图 2-169　黑色描边

（6）绘制黑色的矩形作为底部动作栏，透明度调整为 50%，如图 2-172 所示。

（7）添加两个动作按钮的图标和文本，如图 2-173 所示。

图 2-171　绘制播放图标

图 2-172　绘制黑色的矩形

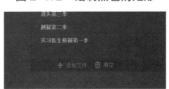

图 2-170　播放状态　　　　图 2-173　图标和文本

（8）在右侧视图（见图 2-174）中绘制一个灰色矩形用来定义视频播放区的尺寸，同时灰色矩形下部的区域则作为视频控制的动作栏。

（9）找到一张视频的截图放置在视频播放区域中，作为播放效果的样例，如图 2-175 所示。

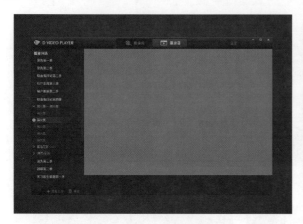

图 2-174　右侧视图

图 2-175　视频截图

（10）在视频播放区顶部绘制半透明的黑色矩形作为信息栏和动作栏，只有当光标掠过视频画面时这个栏才出现，如图 2-176 所示。

（11）添加当前播放视频的信息，并在右侧设置分享按钮和全屏按钮，如图 2-177 所示。

图 2-176　信息栏和动作栏

图 2-177　分享按钮和全屏按钮

（12）在视频播放区域的下部绘制一个黑色矩形作为视频播放动作栏的背景，如图 2-178 所示。

图 2-178　背景

（13）设置黑色矩形的混合选项，如图 2-179 所示。

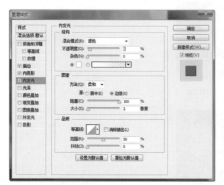

图 2-179　设置黑色矩形的混合选项

（14）得到效果如图 2-180 所示。

（15）绘制一个如图 2-181 所示的灰色圆角矩形，作为播放进度条的雏形。

图 2-180　背景效果　　　　　　　　　　　　图 2-181　灰色圆角矩形

（16）设置这个灰色圆角矩形的混合选项，如图 2-182 所示。

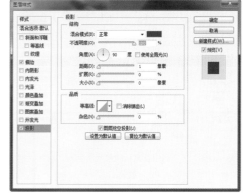

图 2-182　设置灰色圆角矩形的混合选项

（17）得到效果如图 2-183 所示。

（18）绘制一个蓝色的圆角矩形用来标明已完成的播放进度，如图 2-184 所示。

图 2-183　灰色圆角矩形效果　　　　　　　　图 2-184　蓝色的圆角矩形

（19）设置它的混合选项参数，如图 2-185 所示。得到效果如图 2-186 所示。

（20）在如图 2-187 的位置绘制一个圆形，作为控制播放进度的滑块。

  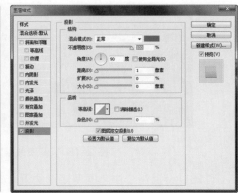

图 2-185　设置灰色圆角矩形的混合选项参数

 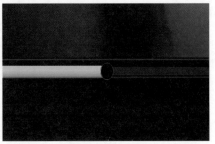

图 2-186　灰色圆角矩形效果　　　　　图 2-187　圆形

（21）设置圆形形状图层的混合选项，如图 2-188 所示。

 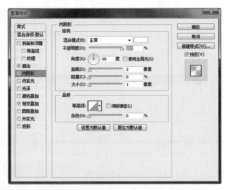

图 2-188　设置圆形形状图层的混合选项

（22）得到效果如图 2-189 所示。

（23）创建一个对话气泡样式的黑色形状，并添加当前播放的时长信息，如图 2-190 所示。

图 2-189　圆形形状效果　　　　　　　　图 2-190　创建黑色形状

（24）给黑色对话气泡形状设置混合选项参数，如图 2-191 所示，效果如图 2-192 所示。

（25）在播放进度条下方左侧创建播放时长信息和总共时长信息，如图 2-193 所示。

（26）在播放控制动作栏的中间位置绘制一个圆形，用以定义播放按钮的位置，如图 2-194 所示。

图 2-191　设置黑色对话气泡参数

图 2-192　对话气泡效果　　　　图 2-193　时长信息　　　　图 2-194　播放按钮的位置

（27）设置圆形的混合选项参数，如图 2-195 所示，效果如图 2-196 所示。

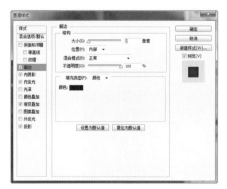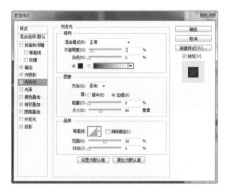

图 2-195　设置圆形的混合选项参数

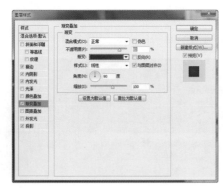 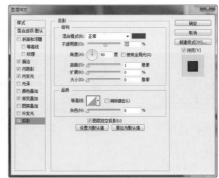

续图 2-195

（28）在刚才的圆形上绘制白色圆形，以创建圆形按钮的高光，如图 2-197 所示。

 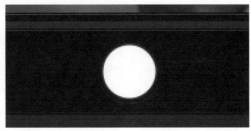

图 2-196　圆形效果　　　　　　　　　图 2-197　白色圆形

（29）设置白色圆形的混合选项参数，如图 2-198 所示。效果如图 2-199 所示。

（30）绘制一个如图 2-200 所示的三角形图层，作为播放按钮的标志图形。

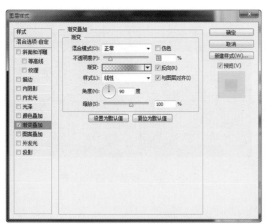 

图 2-198　设置白色圆形的混合选项参数

图 2-199　绘制白色圆形后的效果　　　　　　图 2-200　三角形图层

（31）设置三角形图层的混合选项参数，如图 2-201 所示，效果如图 2-202 所示。

（32）继续在播放按钮左右绘制"上一个"和"下一个"按钮，并在左侧绘制"停止"按钮，如图 2-203 所示。

（33）使用播放进度条的绘制方法同样绘制一个调节音量的滑动条，如图 2-204 所示。

（34）在如图 2-205 所示的右下角位置绘制三根斜线，用作可拖曳改变窗体大小的控件。

（35）在播放动作栏右侧空白的区域绘制三个按钮：高清选项、设置、收起菜单，如图 2-206 所示。

（36）其中高清选项是一个下拉列表，要定义下拉列表的样式，同样绘制一个对话气泡形图层，如图 2-207 所示。

图 2-201　设置三角形图层的混合选项参数

图 2-202　三角形图层效果　　　　图 2-203　按钮　　　　图 2-204　调节音量的滑动条

图 2-205　三根斜线　　　　　　　图 2-206　三个按钮　　　　图 2-207　气泡形图层

（37）设置这个对话气泡形状的混合样式，如图 2-208 所示。

图 2-208　设置对话气泡形状的混合样式

续图 2-208

（38）定义选项的文本信息和三个单选按钮的尺寸，如图 2-209 所示。

图 2-209　尺寸

（39）选中第一个单选按钮的圆形形状图层，设置它的混合选项，定义未选中状态的单选按钮样式。第二个的样式和第一个的一致，可以复制图层样式进行粘贴。按钮样式如图 2-210 所示。

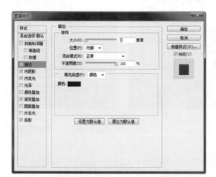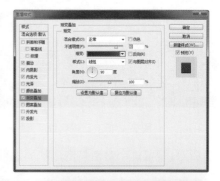

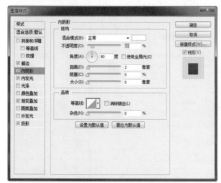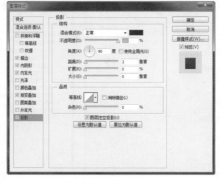

图 2-210　按钮样式

（40）定义选中状态的单选按钮样式，选中第三个圆形形状，按如图 2-211 所示的参数设置混合选项。

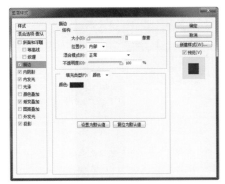
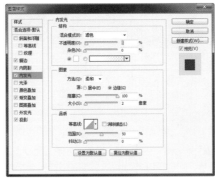
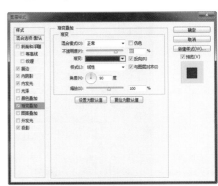
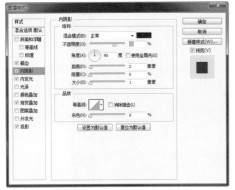
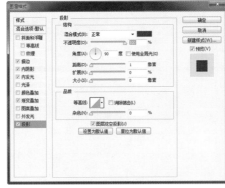

图 2-211　设置第三个圆形形状的混合选项

（41）在第三个单选按钮的中心绘制一个如图 2-212 所示的蓝色圆形，用以标志选中状态。

（42）设置这个蓝色圆形的混合选项，如图 2-213 所示。这样下拉列表便完成了。

图 2-212　蓝色圆形　　　　　　　　　　　　图 2-213　设置蓝色圆形的混合选项

（43）视频播放器界面整体完成，最终效果如图 2-214 所示。

图 2-214   视频播放器完成图

第三章

移动终端界面设计实例

YIDONG ZHONGDUAN JIEMIAN SHEJI SHILI

第一节　电子商务应用

一、皮革质感图标

（1）在设计 UI 界面时，有一个常用的方法：模仿真实的自然，从而给用户带来操作上的暗喻和指引。目前苹果应用商店里也能看到很多拟物风格的界面设计，这种风格真实细腻，是用户所熟悉的东西，能降低学习成本。

本节用 Photoshop 制作皮革质感图标，最终效果图如图 3-1 所示。

（2）新建画布（见图 3-2）800 像素×600 像素，所有单位设置为像素。

（3）新建图层，点选圆角矩形工具，在画布上画一个圆角矩形，如图 3-3 所示。

　　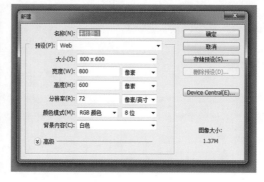　　

图 3-1　皮革质感图标最终效果图　　　　　　图 3-2　新建画布　　　　　　图 3-3　圆角矩形

（4）选择图层样式斜面和浮雕、内阴影参数如图 3-4 所示。高光模式颜色值为 #fcffd4,阴影模式颜色值为 #624423。

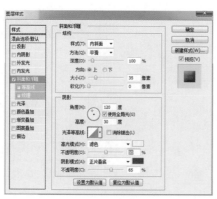　　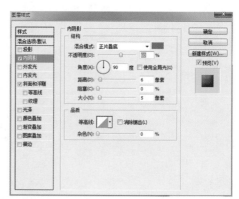

图 3-4　设置参数

（5）找一张皮革素材，拖到制作图标的画布中，选择菜单图像—调整—去色，如图 3-5 所示。

（6）将去色后的皮革素材图层覆盖到画好的圆角矩形上面，混合模式选择叠加，得到图 3-6 的效果。

（7）复制图层 2（见图 3-7），将图层混合模式改为色相，填充为 25%。

（8）打开 Adobe Illustrator 软件，新建一个文档。在空白地方用矩形工具画一个矩形，颜色设为浅灰，如图 3-8 所示。

图 3-5　皮革素材　　　　　　　　　　　　　　　　　图 3-6　叠加效果

图 3-7　复制图层 2

图 3-8　矩形

（9）选择这个矩形（见图 3-9），按住"Alt"键往下拖动，复制一个相同的矩形，颜色填充为白色。注意白色矩形的上边线与灰色矩形下边线对齐。

（10）点"直接选择工具"，框选两个矩形右边的节点，并往下拖动，使整体变成平行四边形，如图 3-10 所示。

（11）使用选择工具选择这组平行四边形，按住 Alt 键，往下拖动复制，注意边线对齐。按"Ctrl+D"，重复上一步动作，得到一列条纹图形，如图 3-11 所示。

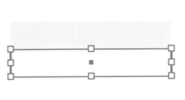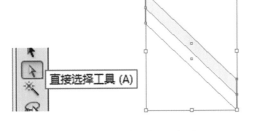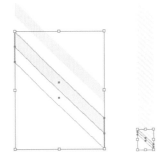

图 3-9　选择矩形　　　　　　　图 3-10　变成平行四边形　　　　　　图 3-11　条纹图形

（12）用圆角矩形工具绘制一个两端为圆形的圆角矩形，将它覆盖到条纹图形的上面。用选择工具全部选择，点鼠标右键建立剪切蒙版，得到如图 3-12 所示的效果。

（13）把 Adobe Illustrator 里画好的图形拖到 Photoshop 里画图标画布，自由变换，调整好大小，如图 3-13 所示。这样就得到了一根缝线的雏形。

图 3-12　建立剪切蒙板　　　　　　　　　　　　　　　图 3-13　图标画布

（14）选择这根线所在的图层，点出图层样式。设置渐变叠加，参数和颜色如图 3-14 所示。

（15）继续设置斜面和浮雕效果和投影，参数如图 3-15 所示，投影的颜色选取接近皮革暗部的颜色。

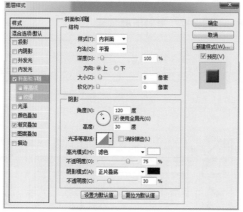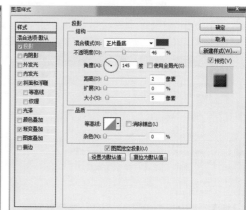

图 3-14　线的参数和颜色　　　　　　　　　　　　　　图 3-15　参数

（16）全部设置好后实际效果如图 3-16 所示。

（17）选择形状工具中的椭圆工具，同时要选中图 3-17 左侧的路径选项。

（18）新建一个图层（见图 3-18），在线的底端附近绘制一个正圆。

图 3-17　路径选项

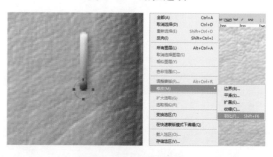

图 3-16　实际效果　　　　　　　　　　　　　　图 3-18　新建图层

按"Ctrl+Shift+Enter"键使其转化为选区，选择菜单：选择—修改—羽化，在弹出的选项中设置羽化 2 像素，按确定。

（19）选择前景色为深棕色填充选区，再用形状工具画一个月牙形路径，同样转化为选区。

选择菜单：选择—修改—羽化，在弹出的选项中设置羽化 2 像素，按确定，新建图层用白色填充，得到如图 3-19 所示的效果。

（20）用形状工具绘制两个水滴路径，要求一小一大。

按"Ctrl+Shift+Enter"键使其转化为选区，选择菜单：选择—修改—羽化，在弹出的选项中设置羽化 3 像素，按确定。新建一个图层，用深棕色填充，将透明度调整为 30%，得到一个浅一点的阴影，效果如图 3-20 所示。

（21）如图 3-21 所示分解阴影，阴影 1 比较深，代表缝线处陷进去比较深的部分，阴影 2 比较浅，主要表现皮革被线勒紧的效果。加上高光和线本身，这 4 个图层才能勾画出一个完整的线的个体。

   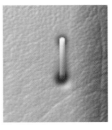 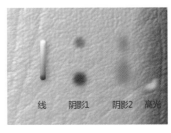

图 3-19　步骤(19)效果　　　　图 3-20　步骤(20)效果　　　　图 3-21　阴影

（22）画完了一组线，接下来就简单了。只需复制这一组线为若干组，按图 3-22 所示那样排布。需要注意的是：水平方向的线考虑到光线是从上方照下来，需要将线的投影方向改为 90°，渐变叠加的方向改为 180°，凹陷处的高光也要相应调整位置。这样才能尽量接近真实。

（23）排布好之后，效果如图 3-23 所示。

这样缝线就处理好了。

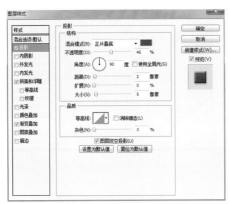 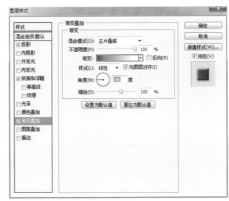 

图 3-22　排布　　　　　　　　　　　　　　图 3-23　步骤(22)效果

（24）在自定义形状工具中找到盾牌的形状，用这个形状在皮革按钮的上方绘制形状图层，如图 3-24 所示。

（25）打开图层样式，设置斜面和浮雕效果、渐变叠加和描边，参数如图 3-25 所示。

（26）设定好以后按确定，得到一个镶嵌在皮革上黄金质感的盾牌，如图 3-26 所示。接着在自定义形状工具中再找到如图 3-27 所示的花形纹章形状，用这个形状在黄金盾牌的上方绘制一个形状图层，再设置它的图层样式参数。

（27）设定好以后按确定，在黄金上篆刻的花纹效果就完成了。到这一步皮革质感图标也就完成了。最后选一

图 3-24　形状图层

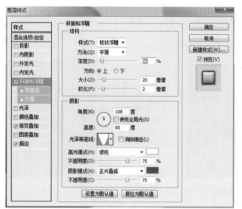

图 3-25　步骤(25)参数设置

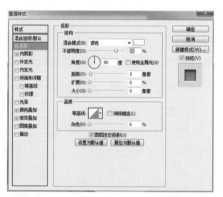

图 3-26　盾牌

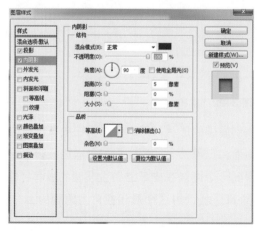

图 3-27　花形纹章形状

张背景，将按钮加上投影，放在背景上，完成开篇的效果，如图 3-28 所示。

图 3-28　图标完成图

二、Tab 栏背景和列表背景

（1）本书用 Photoshop 来制作皮革质感的 Tab 栏。"Tab 栏"是移动终端界面中常用的界面元素，用于快速切换几个并列关系的界面内容。

最终效果图如图 3-29 所示。

（2）可以看到底端的 Tab 栏有四个按钮，三个是默认状态，一个为聚焦状态（金色的"促销"图标），也就是说看到的内容是属于"促销"这个 Tab 下的内容，如图 3-30 所示。

（3）新建画布 640 像素×960 像素，所有单位设置为像素，如图 3-31 所示。

图 3-29　最终效果图　　　　图 3-30　Tab 栏　　　　图 3-31　新建画布

（4）在画布顶端画一个 640 像素×40 像素黑色的条，透明度设置为 60%。这个被称为状态栏（见图 3-32），上面承载运营商、时间、电池电量等信息。新建一个组，命名为"status bar"。笔者放了运营商、时间、电池电量等信息，只要用一个半透明黑色条代替就可以了。图层如图 3-33 所示。

（5）在网上或硬盘里找一张木纹的素材，将其颜色调整成类似图 3-34 的咖啡色，然后把这个木纹的图层和默认的背景图层选中，合并。这下木纹变成了背景。

（6）新建图层命名为"Tab BAR 背景"，用矩形选区工具画一个 640 像素×112 像素的选区，用如图 3-35 的颜色填充。

（7）得到如图 3-36 所示的效果。

图 3-32　状态栏

图 3-33 图层

图 3-34 咖啡色

图 3-35 颜色填充

图 3-36 步骤(7)效果

(8) 把皮革素材裁成大小为 640 像素×112 像素，把它放在"Tab BAR 背景"的图层上面，选择图层模式为叠加，如图 3-37 所示。

(9) 得到如图 3-38 所示的效果。将"皮革材质"图层复制一遍，图层模式选择：明度，填充选择：20%。

图 3-37 叠加

图 3-38 步骤(8)效果

(10) 得到如图 3-39 所示的效果。

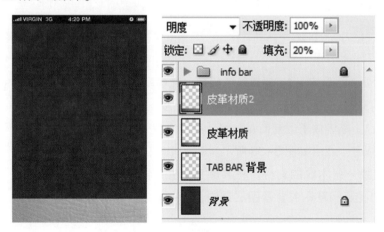
图 3-39 步骤(9)效果

(11) 选择图层"皮革材质 2"，分别设置图层混合选项中的投影和渐变叠加参数，如图 3-40 所示。

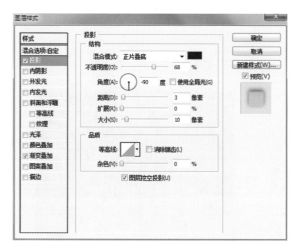

图 3-40 "皮革材质 2"参数

（12）得到如图 3-41 所示的效果。

（13）新建一个图层，命名为"缝线"，绘制一根水平但略微倾斜的缝线，如图 3-42 所示。

图 3-41 步骤（11）效果　　　　　　　　图 3-42 新建"缝线"图层

（14）复制"缝线"图层，命名为"缝线 2"，如图 3-43 所示。

（15）新建一个组，命名为"缝线"，并把刚才的两个图层放到这个组里，这样方便整理图层和画面里的元素，如图 3-44 所示。

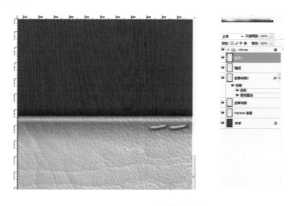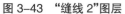

图 3-43 "缝线 2"图层　　　　　　　　图 3-44 "缝线"组

（16）新建图层，命名为"阴影"，绘制一个阴影，放置在两根缝线之间，图层顺序则在缝线的最下，如图 3-45 所示。

（17）新建图层，命名为"高光"。绘制一个高光，放置在阴影图层的上面，如图 3-46 所示。

图 3-45 新建图层 · 图 3-46 高光

（18）用同样的方法绘制最右端的阴影和高光（见图 3-47），注意最右端的情况是特殊的，阴影和高光整体大概是个圆。

图 3-47 绘制右端的阴影和高光

（19）得到图 3-48 所示的效果。这样得到了由两条线组成的一组线。

（20）分解如图 3-49 所示。

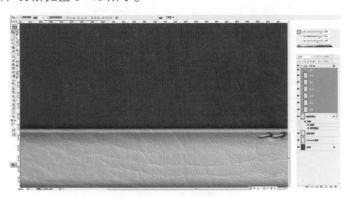

图 3-48 效果 · 图 3-49 分解

（21）保留原始的缝线组不动，复制一组新的缝线，用这组新缝线不断的复制成一长条缝线，并将它们合并为一个图层，效果如图 3-50 所示。完整的缝线命名为"缝线副本 2 合并图层"。

（22）用矩形选区工具画一个如图 3-51 所示大小的选区。选择一个深咖啡色作为前景色，然后选择渐变工

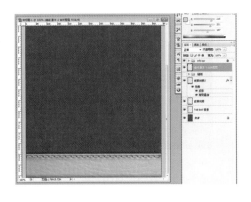

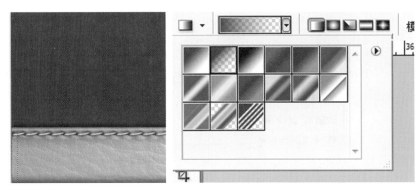

图 3-50　效果　　　　　　　　　　　　　　　　　　图 3-51　选区

具，模式为前景色到透明的线性渐变。

（23）新建一个图层，按住 Shift 键，从左往右用渐变工具拉出一个如图的渐变，复制这个图层（见图 3-52），执行菜单操作：编辑—变换—水平翻转。

（24）将变化后的图层移到另一侧，效果如图 3-53 所示。同时将这两个渐变图层合并，命名为："厚度"。

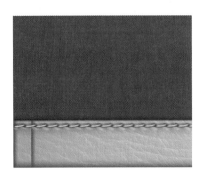

图 3-52　复制图层　　　　　　　　　　　　　　　　图 3-53　效果

（25）选择钢笔工具，选项设置如图 3-54 所示。

图 3-54　选项

（26）用钢笔工具绘制如图 3-55 的一个封闭路径，并将其转化为选区。

（27）使用菜单命令：选择—修改—羽化，在弹出的窗口填写羽化 6 px。新建图层，命名为"凸起阴影"，如图 3-56 所示。

（28）用深咖啡色填充，并将图层模式改为：正片叠底，填充改为 50%。得到如图 3-57 所示效果。

（29）用钢笔工具绘制如图 3-58 所示的另一个封闭路径，并将其转化为选区。使用菜单命令：选择—修改—

图 3-55　封闭路径　　　　　　　　　　　　　　　　图 3-56　凸起阴影

图 3-57　效果　　　　　　　　　　　　　图 3-58　另一个封闭路径

羽化，在弹出的窗口填写羽化 4 px。新建图层，命名为"凸起高光"。

（30）选择白色进行填充，将图层模式改为：滤色，不透明度改为：30%，得到如图 3-59 所示的效果。

（31）将画好的凸起阴影和凸起高光图层复制一份，如图 3-60 所示。

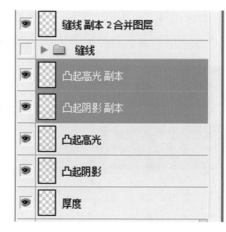

图 3-59　效果　　　　　　　　　　　　　　图 3-60　复制

（32）选择这两个副本图层，执行菜单操作：编辑—变换—水平翻转，并将其摆放到右侧，如图 3-61 所示。

（33）用橡皮擦工具略微抹掉一些锐利的地方，使之看起来更柔和，如图 3-62 所示。

图 3-61　摆放到右侧　　　　　　　　　　图 3-62　看起来更柔和

（34）选择形状工具中的矩形工具，选项设置如图 3-63 所示。

图 3-63　选项设置

（35）在背景图层之上，画出一个矩形的形状图层，如图 3-64 所示。

（36）设置它的混合选项，参数如图 3-65 所示。

（37）得到如图 3-66 所示的效果，看起来像是一张牛皮纸插在皮质的口袋里。这样 Tab 栏背景和列表背景就完成了。

  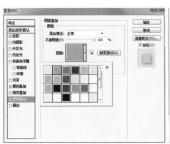 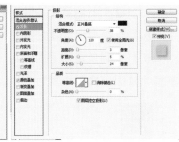

图 3-64　矩形　　　　　　　　　　　　　　　　　　　图 3-65　参数

图 3-66　效果

三、Tab 栏图标和列表内容

（1）本节用 Photoshop 来绘制图标和列表内容。最终效果图如图 3-67 所示。

（2）选择形状工具中的圆角矩形工具，圆角半径设置为 8 px，其他选项设置如图 3-68 所示。

图 3-67　最终效果

图 3-68　其他选项设置

（3）在 Tab 栏的上方绘制如图 3-69 大小的圆角矩形。

（4）选择形状工具中的矩形工具，注意形状的模式选择："从形状区域减去"。其他选项设置如图 3-70 所示。

（5）在圆角矩形之上绘制一个矩形（见图 3-71），这时看到新绘制的矩形正是从原来的形状上减去了一部分。接着，依旧选择圆角矩形工具，选择"添加到形状区域"选项，在旁边再绘制一个圆角矩形。

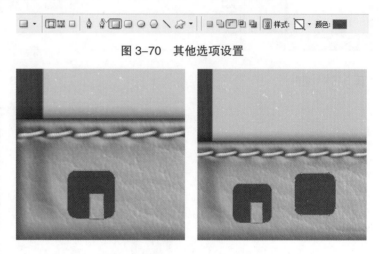

图 3-70　其他选项设置

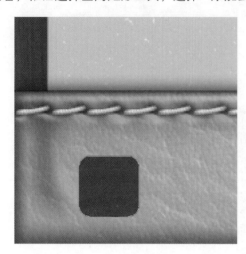

图 3-69　圆角矩形

图 3-71　绘制矩形

（6）使用直接选择工具框选右边的这个圆角矩形，自由变换使它旋转 45°，然后用钢笔工具中的减去锚点工具减去它一个角的两个锚点，使之变成一个三角形，如图 3-72 所示。

图 3-72　变成三角形

接着继续使用直接选择工具框选这个三角形，将其挪动到左边的圆角矩形之上，这样得到了一个小房子的基本形状。

（7）选择钢笔工具，形状的模式选择："添加到形状区域"。如图 3-73 所示。

图 3-73　添加到形状区域

（8）在小房子右上方用钢笔工具绘制一个小烟囱，这时一个房子的图标就基本完成了，可以用直接选择工具选择锚点来进行调整，如图 3-74 所示可以看到调整了门的大小和烟囱的大小。

（9）选择整个小房子，设置图层混合选项，如图 3-75 所示。

图 3-74　调整

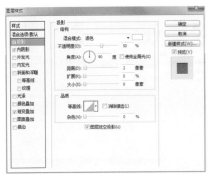

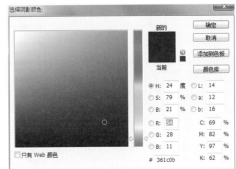

图 3-75　设置图层混合选项

（10）接着设置渐变叠加，如图 3-76 所示。

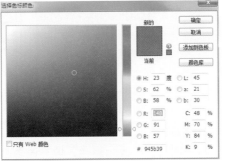
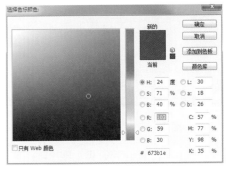

图 3-76　渐变叠加

（11）设置好后效果如图 3-77 所示，再适当调整下房子的大小和位置。

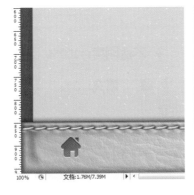

图 3-77　效果

接着依此类推画好其他的三个图标。

（12）选择形状工具中的圆角矩形工具，圆角半径设置为 16 px，其他选项设置如图 3-78 所示。

图 3-78　其他选项设置

（13）在第二个图标"促销"的图层下方，绘制一个圆角矩形的形状图层。效果如图 3-79 所示。

（14）选择圆角矩形图层，设置图层混合选项，如图 3-80 所示。

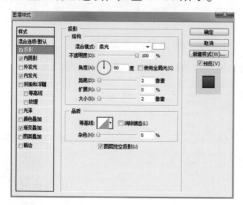
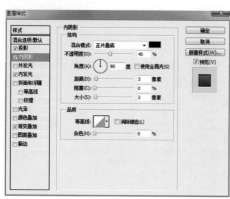
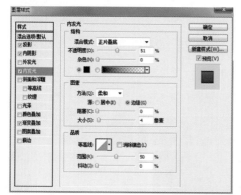
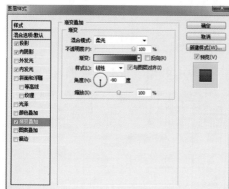

图 3-79　效果　　　　　　　　　　　　**图 3-80　设置图层混合选项**

（15）设置好后效果如图 3-81 所示，再将图层模式改为滤色，填充改为 0%。

（16）选择促销图标图层，设置图层混合选项，如图 3-82 所示。

（17）这样促销图标调整成为金色，和底下的圆角矩形一起形成了这个 Tab 的聚焦状态，如图 3-83 所示。

（18）接下来完成界面上方的导航栏（见图 3-84），导航栏的制作可以借鉴 Tab 栏的制作方法，区别是没有缝线及投影厚度等的设置。

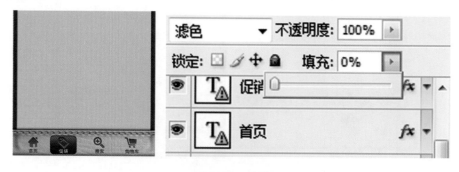

图 3-81　效果

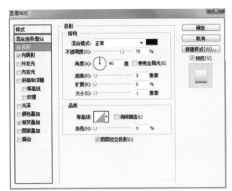 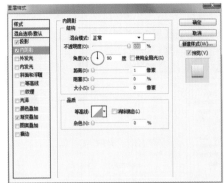

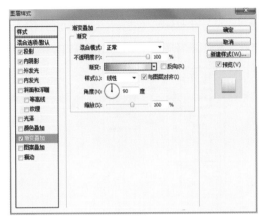 

图 3-82　设置图层混合选项

图 3-83　Tab 的聚焦状态　　　　　　　　图 3-84　导航栏

（19）接着制作一点细节，就是导航栏下的纸张撕边效果。可以找张纸先撕一撕，用钢笔工具照着撕纸的轮廓勾画一个撕边效果的路径，然后将路径转化为选区，用白色填充，如图 3-85 所示。

图 3-85　选区

（20）设置这个图层的混合选项，如图 3-86 所示。

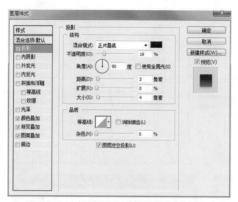
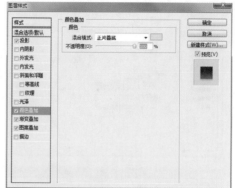
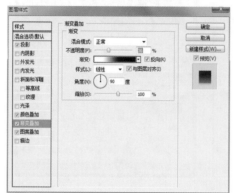

图 3-86　混合选项

（21）设置好后的效果如图 3-87 所示。

（22）用同样的方法，在底下再绘制另一张纸的撕边效果。效果如图 3-88 所示。

（23）画好列表上的内容，包括：商品图片、商品的文字标题、价格、分隔线等。注意商品图片的投影要单独处理。这样，一个完整的电子商务程序的列表界面就完成了，如图 3-89 所示。

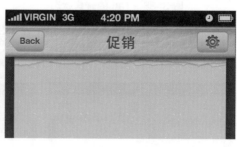

图 3-87　效果　　　　　　　　　图 3-88　效果　　　　　　图 3-89　列表界面

第二节　汽车行业应用

用 Adobe Illustrator 和 Adobe Photoshop 制作金属质感图标和界面。

金属质感能够传达代表现代工业成就的科技感，在汽车产品和数码产品的工业设计中，具有金属质感的设计和细节锻造，代表的是当今科技的精湛和技术之美。同时常用金属如不锈钢、铝合金等等在物理世界中带给人们的感受就是严谨、质量可靠和历久弥新。当今很多的 UI 设计中为了传达领先科技和优质的诉求，都使用了金属质感作为界面的元素，如 apple 的 icloud 图标等。

一、金属质感底座

（1）绘制一个金属质感底座，如图 3-90 所示。

（2）新建画布 1 024 px×768 px，所有单位设置为像素，如图 3-91 所示。

（3）建好画布后，点选工具栏中圆角矩形工具，在画布上点击鼠标左键，会出现一个对话框，在其中输入如图 3-92 的数值，得到一个圆角矩形，大小为 114 px×114 px，圆角半径为 16 px。

（4）选取颜色面板，可以看到当前是 RGB 颜色模式。点右上角的小箭头会出现一个下拉列表，选择 HSB 颜色，如图 3-93 所示。

图 3-90 底座

图 3-91 新建画布

图 3-92 数值

图 3-93 选择 HSB 颜色

为什么使用这种颜色模式呢？这种模式在选取一个色相后然后再对颜色的明度和饱和度进行微调比较方便，适合这次我们需要的诸多微妙细节的打造。

（5）用选择工具选中这个圆角矩形，在顶部的设置中将宽和高都改为 512 px，如图 3-94 所示。

图 3-94 宽和高

（6）设在颜色面板中点选白色，将其明度改为 60%，就得到右图的 512 px×512 px 的圆角矩形，如图 3-95 所示。

（7）选择渐变面板（见图 3-96），渐变类型选为线性，颜色为黑白渐变。接着在渐变色标上添加一些白色、黑色、深灰色色标来打造出一个金属的光感。讲到这里要插入一下绘画中素描的概念，素描中为了体现物体的立体感要描绘出亮面、暗面、明暗交界线、高光和反光，为了体现物体的质感对高光和反光及环境色要特殊处理。以金属为例，它的高光是很强烈的白色，由于表面光滑反光也较一般的物体更为强烈，对于周围的物体的反光可以说像镜子一样反射回去，所以暂时调出这样黑白对比分明的颜色来塑造金属反光的特性。

图 3-95　圆角矩形

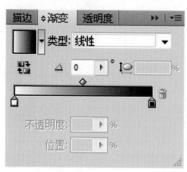
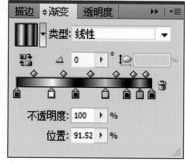

图 3-96　渐变面板

　　（8）继续来添加颜色的变化，可以看到这时候整体的颜色变暗了，原因是绘制的这个面在成稿中是一个背光的面，当然不能超出亮面的亮度。但是由于是金属的质感，它的对比和反光仍然必须强烈，如图 3-97 所示。

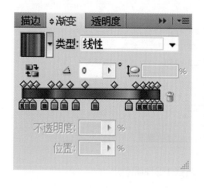

图 3-97　添加颜色的变化

　　（9）选择工具栏里的直接选择工具如图 3-97 中的白色箭头，选中画好的圆角渐变矩形。按"Ctrl+C"复制，按"Ctrl+F"在它的上方复制出新的形状（按"Ctrl+C"复制，按"Ctrl+F"贴在上面，这一组功能快捷键很实用，后面的制作过程将大量用到这组快捷键；同样还有一个按"Ctrl+C"复制、按"Ctrl+B"贴在后面的功能组合，可以灵活运用。）选中上面一个圆角矩形，点击颜色面板随便选择一个灰色用于区分它们两个。再用直接选择工具按住 Shift 键，选中底下的四个锚点。按住鼠标左键并往上拖动，得到如图 3-98 所示的效果。

　　（10）打开渐变模板，给上面的圆角矩形设置如图 3-99 所示的渐变，记住颜色整体比较亮。

　　（11）选中画好的圆角矩形，按"Ctrl+C"复制，按"Ctrl+F"两次，在它的上方复制出两个一样的形状。为了使大家明白我把它们暂时分开显示，如图 3-100 所示。其实是三个同样的形状叠加在一起。最底下一个需要保留，上面的复制的两个将另有用处。接下来选择最顶层的一个，将它稍微放大一点，面积稍稍盖住第二层为好，

图 3-98　效果

图 3-99　渐变

按住 Shift 键用鼠标往上拖动一点，如图 3-101 所示。接着选中顶层和第二层的两个形状，如图 3-102 所示。

图 3-100　分开显示　　　　　图 3-101　拖动一点　　　　　图 3-102　两个形状

（12）打开路径查找器，快捷键是"Ctrl+Shift+F9"，可以在窗口菜单中找到它。这时候选择形状模式中的第二项：减去顶层，得到如图 3-103 所示的效果。

（13）打开渐变模板，给新绘制的形状设置如图 3-104 所示的渐变。这是一个高光，选取的是最亮的白色，色标左右两侧的灰色则是按住 Shift 键选取的它附近的灰色。

图 3-103　效果　　　　　　　　　　　　　　　　　　　　　图 3-104　渐变

（14）选中亮面的圆角矩形。按"Ctrl+C"复制，按"Ctrl+F"贴在上方。按住"Shift+Alt"键拖动鼠标，让它在中心位置同比缩小。将其颜色设置为黑色。同样方法复制一个黑色形状，同比缩小一点点，颜色设置为深灰色，如图 3-105 所示。

图 3-105　颜色

（15）选中深灰色圆角矩形的上方四个锚点，往下拖动，拖动的距离和图标的暗面高度相仿。设置它的颜色如图 3-106 所示。

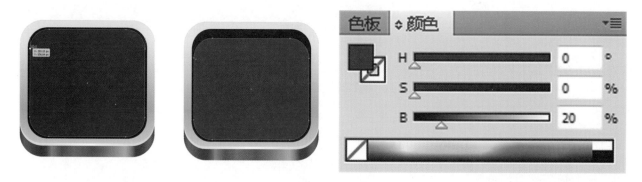

图 3-106　颜色设置

（16）点选工具栏中的椭圆工具，在画布上点击鼠标左键，会出现一个对话框，输入如图 3-107 中所示的数值，得到一个圆形，大小为 18 px×18 px，如图 3-107 所示。

图 3-107　得到圆形

（17）选中圆形，按"Ctrl+C"复制，按"Ctrl+F"贴在上方。按住 Shift 键拖动鼠标，让它同比缩小。将其颜色设置为灰色。并将其挪动到图 3-108 的位置，绘制一个凹陷的圆洞效果。选择这两个图形，再点击鼠标右键选择群组，如图 3-109 所示。

图 3-108　位置

（18）这时在菜单—视图中确保"智能参考线"这个选项打了勾。用矩形工具绘制一个 24 px×24 px 的矩形，并将它移动到一边紧贴圆形的位置，如图 3–110 所示。

（19）移好后，选中圆形的群组，按住"Shift+Alt"键，用鼠标向右拖动复制一组圆形，圆形的左边和矩形的右边也要紧贴对齐，如图 3–111 所示。

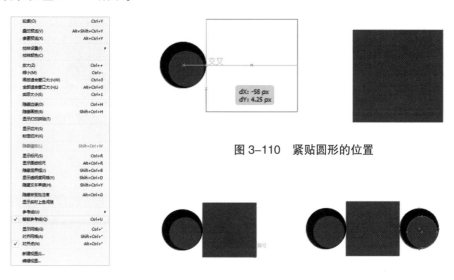

图 3–110　紧贴圆形的位置

图 3–109　选择群组　　　　　图 3–111　一组圆形

（20）按快捷键"Ctrl+D"重复上一步动作，在圆形的右侧按同样的距离复制了一组圆形。继续按快捷键"Ctrl+D"几次，得到足够长的一组圆点。移开作为标尺的矩形，选中所有的圆点，鼠标右键点群组，如图 3–112 所示。

（21）把刚才用作标尺的小方块置于一行圆点的下端，要在下方等距地复制一组圆点，接着按"Ctrl+D"复制一片圆点，如图 3–113 所示。

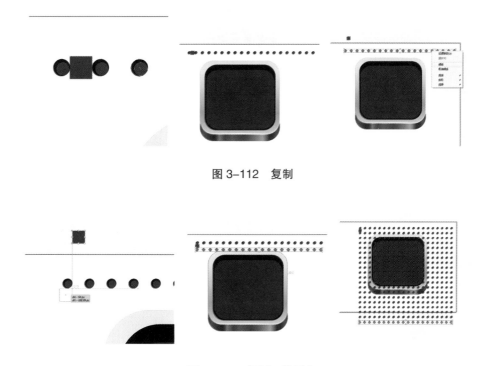

图 3–112　复制

图 3–113　复制一片圆点

（22）将圆点全部选中，并群组。接着用旋转工具按住 Shift 键将其旋转 45°，如图 3-114 所示。

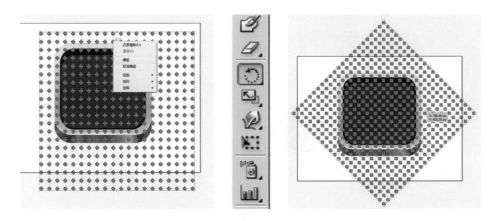

图 3-114　选中并群组

（23）将这一组圆点移动到画好的金属盒子之上，注意盒子内部深灰色部分圆点的排布，需要每一个圆点都是完整的，不要有被裁切的情况。选择深灰色的图形，按"Ctrl+C"复制，按"Ctrl+F"贴在上方。接着按"Ctrl+Shift+】"，将其置于所有图形的顶层，如图 3-115 所示。

图 3-115　圆形处理

（24）在金属盒子的暗面部分绘制一个圆形，接着用渐变填充，参数如图 3-116 所示。

（25）在刚才的圆形之上再绘制一个圆形，接着用绿色系的颜色渐变填充，如图 3-117 所示。

图 3-116　参数　　　　　　　　　图 3-117　渐变填充

（26）得到图 3-118 所示的效果。这时选中所有画好的部分，用鼠标右键点编组。

（27）复制一个背光面的圆角矩形，将颜色设置为黑色，透明度 40%。接着按"Ctrl+Shift+【"，将其置于所有图形的底层，这是这一步要绘制的投影。所以将它的位置移动到金属盒子的正下方露出一点点，如图 3-119 所示。

（28）复制一个用于阴影的圆角矩形，将颜色设置为黑色，透明度 5%。将它的位置再往下移动一些。点击菜单项：对象—混合—混合选项。在弹出的窗口设置间距为：指定的步数，数值设置为 12。处理如图 3-120 所示。

图 3-118　效果

图 3-119　圆角矩形

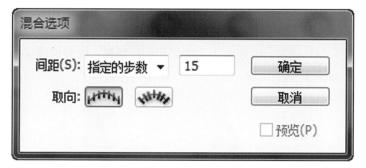

图 3-120　处理

（29）选中这两个用于阴影的图形，按"Ctrl+Alt+B"，创建混合模式。看到他们自动创建了一个渐变的投影。到此，金属盒子底座便完成了，如图 3-121 所示。

图 3-121　底座

二、绘制金属钳子

（1）绘制一个金属钳子，最终效果如图 3-122 所示。

（2）图层 1 是金属底座的图层。新建一个图层 2，用矩形工具绘制一个如图 3-123 所示的矩形。用添加锚点工具在矩形上添加一些锚点。

图 3-122　金属钳子　　　　　　　　　　　　　　　　　　图 3-123　矩形

（3）调整这些锚点，直到如图 3-124 所示的那样。这是要绘制的虎嘴钳的雏形。接着绘制一个圆形放置在如图 3-125 所示的位置，这是虎嘴钳可以转动的轴。

（4）绘制一个如图 3-126 所示的三角形，作为虎嘴钳的一个面。接着将虎嘴钳的左半部设置为渐变填充，参数如图 3-127 所示。

图 3-124　锚点　　　　图 3-125　轴　　　　图 3-126　三角形　　　　　　　　图 3-127　参数

（5）将虎嘴钳的侧面的三角形设置为渐变填充，参数如图 3-128 所示。

图 3-128　参数

（6）绘制虎嘴钳夹东西的时候增加摩擦力的锯齿（见图3-129）。在旁边的空白处绘制一个圆，在这个圆的顶端再绘制一个小圆。

（7）选中顶端的小圆形，点击工具栏中的旋转工具。鼠标光标移动到大圆的圆心附近，看到有中心点的提示后，在这个位置按住Alt键单击。会弹出一个窗口：在角度数值框填写20，然后按复制按钮，如图3-130所示。这一步操作以后会经常用到，目的是以按住Alt键单击定义的圆心来旋转复制图形。

图3-129　锯齿　　　　　　　　　　　　　　　图3-130　复制按钮

（8）点击复制按钮后，小圆以大圆的圆心为中心旋转了20°，并复制了一个小圆。接着按"Ctrl+D"重复上一步动作，直到小圆环绕大圆一圈，如图3-131所示。

（9）用钢笔工具在两个小圆之间绘制一个如图3-132所示的图形，目的是让锯齿柔和。像上一步操作一样也是旋转复制20°，按"Ctrl+D"重复上一步动作，直到环绕大圆一圈。

图3-131　小圆环绕大圆一圈　　　　　　　　　　图3-132　图形

（10）选中所有的锯齿图形，在路径查找器面板点选形状模式的第一个模式：联集。这样它便变成一个复合路径。将齿轮圆形稍微压缩一下，放置在虎嘴钳之上，如图3-133所示。

图3-133　压缩放置在虎嘴钳之上

（11）选中锯齿和虎嘴钳图形，在路径查找器面板点选形状模式的第二个模式：减去顶层。效果如图3-134所示。

（12）绘制一个深灰色的图形作为虎嘴钳的厚度，绘制好后用渐变填充，效果如图3-135所示。

（13）将厚度图形置于底层，编辑锚点来修饰它们的体积关系，效果如图3-136所示。

（14）绘制一个矩形，减去顶层的图形，如图3-137所示。编辑锚点让这部分和圆形贴合，如图3-138所示。

图 3-134　效果

图 3-135　渐变填充效果

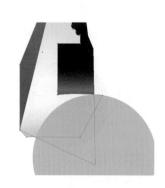

　　图 3-136　效果　　　　　　　　　图 3-137　绘制一个矩形　　　　　　　图 3-138　贴合

（15）绘制一个黑色圆形（见图 3-139）。这样能看到叠加的部分是怎样的情况。选中圆形和虎嘴钳半部。

（16）在路径查找器面板点选形状模式的第三个模式：交集。这样得到一个半圆，效果如图 3-140 所示。

　　图 3-139　黑色圆形　　　　　　　　　　　　　　　图 3-140　效果

（17）使用渐变填充半圆，得到凹陷的效果。这是虎嘴钳用于剪断钢丝等物的锋利切口。这时有必要调整一下黑色图形的厚度，使得凸起和凹陷对比出来。效果如图 3-141 所示。

（18）用钢笔工具绘制一个如图 3-142 所示的图形，选中绘制的图形和圆形，使用路径查找器中的减去顶层，得到到图 3-143 所示的图形。

（19）绘制一个如图 3-144 所示的矩形，选中绘制的图形和矩形，使用路径查找器中减去顶层，得到如图

图 3-141　效果　　　　　　　　图 3-142　图形 1　　　　图 3-143　图形 2

3-145 所示的图形。

　　(20)　复制刚绘制的图形在顶层，在工具栏中选择镜像工具，拖动鼠标光标让它水平翻转。然后往左侧水平横移，如图 3-146 所示。接着再用镜像工具把左半边圆垂直翻转，效果如图 3-147 所示。

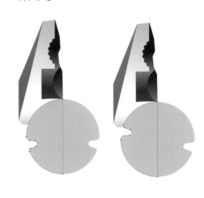

图 3-144　绘制矩形　　　　图 3-145　图形　　　　图 3-146　左侧水平横移　　　　图 3-147　效果

　　(21)　调整锚点细节，主要是弧度和圆形的轴贴合。选中圆轴复制一个一样的图形在顶层，如图 3-148 所示。

　　(22)　使用渐变填充，然后将其置于底层（见图 3-149）。这便是圆轴的厚度。

图 3-148　复制圆形　　　　　　　　　　　　图 3-149　置于底层

　　(23)　绘制一个矩形，选中底端的两个锚点拖动，如图 3-150 所示。选择图 3-150 中所示的三个图形，在路径查找器中选择交集。

　　(24)　新的复合路径继承了渐变填充。如果没有继承也不要紧，联集之间复制一个渐变图形，联集后用吸管工具采集之前的渐变填充。这时微调渐变，让其看起来更真实，如图 3-151 所示。

　　(25)　用钢笔工具绘制一个如图 3-152 所示的图形，使用渐变填充，效果如图 3-153 所示。

   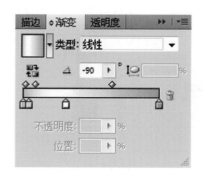 

图 3-150　拖动锚点　　　　　　　　　　　　　　　　　　　　图 3-151　微调渐变

 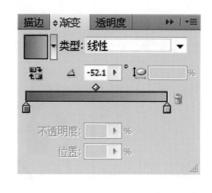 

图 3-152　图形　　　　　　　　　　　　　　　　　　　图 3-153　效果

　　(26) 绘制一个黑色的圆形,如图 3-154 所示。复制一个一样的圆形在上层,使用图 3-155 所示的渐变填充,然后稍稍缩小上层的圆形。

　　(27) 选中最底层的黑色,在它上方复制一个,填充为白色并向下位移一点。选中灰色的渐变圆形,在它上方复制一个。选中这两个复制后的图形,在路径查找器中选:减去上方,得到一个月牙形的白色高光,如图 3-156 所示。

 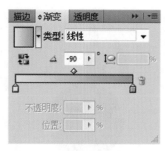  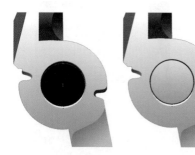

图 3-154　黑色的圆形　　　　　　　　图 3-155　渐变填充　　　　　　　　图 3-156　白色高光

　　(28) 选中最底层的黑色,用渐变填充,如图 3-157 所示。

　　(29) 复制一个图 3-158 所示的形状,用灰色填充。再复制一个图形,然后向左和向下位移一点。选中这两个图形,使用路径查找器:减去顶层,得到图 3-159 的图形,用白色填充。删除多余的部分,只留上方的一点点,如图 3-160 所示。

　　(30) 用同样的方法绘制图 3-161 的白的高光。

　　(31) 这时虎嘴钳的一半已经绘制好了,将所有的图形选中并编组。复制一组,使用镜像工具让它水平翻转,如图 3-162 所示。

图 3-157　渐变填充　　　　图 3-158　形状　图 3-159　图形　图 3-160　删除多余
　　　　　　　　　　　　　　　　　　　　　　　　　　　　　　　　　　的部分

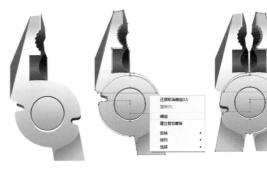

图 3-161　高光　　　　　　　　　　　　　　图 3-162　图形处理

（32）选则右半部钳子，使用旋转工具让它旋转一下，效果如图 3-163 所示。

（33）将左右半部钳子全部选中。使用旋转工具，按住 Alt 键将圆心定义在钳子转轴的圆心，点击弹出窗口：设置旋转角度为 18°，按确定按钮。效果如图 3-164 所示。注意图 3-165 所示。钳子张开的最大限度是这样的。

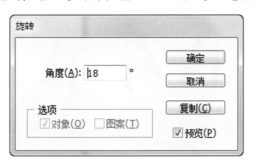

图 3-163　效果　　　　　　　图 3-164　效果　　　　　　图 3-165　钳子张开的最大限度

（34）需要注意一些细节：删掉不需要的高光，加上一些需要的高光，修饰一些边角的厚度的细节，如图 3-166 所示。

图 3-166　细节

（35）绘制底部的厚度，步骤如图 3-167 所示。

图 3-167　步骤

（36）将绘制好的厚度合并为一个路径，使用渐变填充。这个渐变可以沿用金属底座的厚度，在它的基础上调整，如图 3-168 所示。

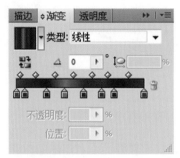

图 3-168　调整

（37）绘制转轴部分的高光和投影这些细节，如图 3-169 所示。

图 3-169　细节

（38）细节的丰富变化才能使钳子更写实，绘制好后选中所有元素并编组，如图 3-170 所示。

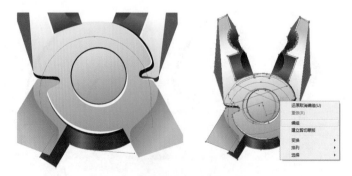

图 3-170　钳子

（39）绘制钳子的把手如图 3-171 所示。使用钢笔工具绘制一个如图 3-172 的形状，使用渐变填充。

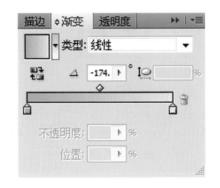

图 3-171　钳子　　　　　　　　　　　　　　　　　　图 3-172　形状

（40）绘制一个如图 3-173 的形状，同时选中这个形状和刚画的黄色形状，在路径查找器面板中点选："交集"。

（41）得到一个暗部的形状，用深一点的渐变色来填充它，作为一个暗面，参数如图 3-174 所示。

图 3-173　形状　　　　　　　　　　　　　　　　　图 3-174　参数

（42）依此类推，绘制其他的几个面，使得手柄更立体。在手柄和钳子的交界处加一些投影，如图 3-175 所示。

（43）复制一个右边手柄的基础形状，水平翻转它，依次用同样的方法绘制左半边的手柄，因为光线是从一个方向照过来的，所以要注意暗部和亮部的划分。这样，钳子便绘制完成了，如图 3-176 所示。

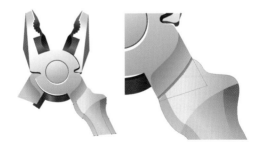

图 3-175　投影　　　　　　　　　　　　　　　　图 3-176　钳子

（44）绘制钳子的投影如图 3-177 所示。选中钳子所有的图形，在上方复制一个。前面有对他编组，这时候，将上方的这些图形取消编组。然后再路径查找器面板中点选："联集"，所有的形状合并为一个形状，把它填充为黑色。

（45）将这个黑色的图形置于底层，透明度调整为 55%，如图 3-178 所示。

（46）复制一个黑色图形向右向下位移一点，图形置于底层，透明度调整为 10%，如图 3-179 所示。

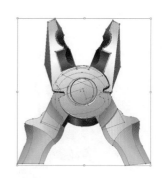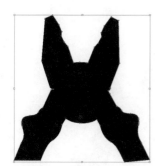

图 3-177　投影

图 3-178　置于底层

图 3-179　调整

（47）选中这两个用于阴影的图形，按 "Ctrl+Alt+B"，创建混合模式。看到他们自动创建了一个渐变的投影。这时钳子的投影完成了，如图 3-180 所示。

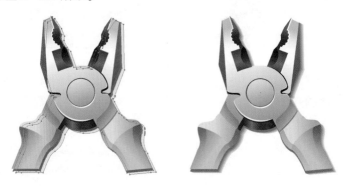

图 3-180　钳子投影

三、组合成图标

（1）将钳子放到金属底座之中。先将钳子放到画好的金属底座的上面，如图 3-181 所示。

（2）在底座的图层选中框体内部的图形，在上方复制一个。由于底座和钳子是在不同的图层绘制的，把这个图层发送到钳子所在的图层。操作方法是：先选中发送的图形，如图 3-182 所示，接着在图层面板上选中要发送到的图层。鼠标回到图形上，右键，在弹出的菜单中选：发送到当前图层。图形便移动到了钳子所在的图层，如图 3-183 所示，路径框线已经变成红色了。

（3）选中上方的黑色圆角矩形和所有钳子的图形，单击鼠标右键选择 "创建裁切蒙版"。效果如图 3-184 所示。

（4）钳子完成了，下面加一点细节。在画布空白的地方绘制一个圆形，用浅灰色填充，如图 3-185 所示。

（5）在上方绘制一个椭圆，用渐变填充，参数如图 3-186 所示。

图 3-181 放到底座上

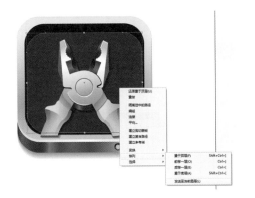

图 3-182 选中图形

图 3-183 路径框线

图 3-184 效果

图 3-185 加细节

（6）填充后效果如图 3-187 所示，同时选中这两个图形。按"Ctrl+Alt+B"，创建混合模式。效果如图 3-188 所示。

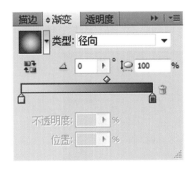

图 3-186 参数

图 3-187 效果 1

图 3-188 效果 2

（7）再在上边绘制一个白色小椭圆，同时选中白色和中间的渐变图形。按"Ctrl+Alt+B"，创建混合模式。效果如图 3-189 所示。

图 3-189 效果 3

（8）绘制一个矩形，用渐变填充。参数如图 3-190 所示。

（9）在矩形下面绘制一个白色的矩形。复制圆形，并置于顶层。选中两个矩形和圆形，创建裁切蒙版，得到效果如图 3-191 所示。

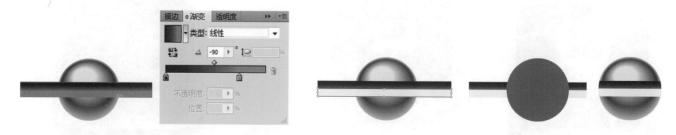

图 3-190　参数　　　　　　　　　　　　　　图 3-191　效果

（10）螺丝钉的图形便完成了，如图 3-192 所示。将卡槽转变一下方向，转动 45°。然后用前面讲过的方法依法炮制投影放在螺丝钉底部。

（11）将螺丝钉放到钳子的旁边，如图 3-193 所示。左边也复制一个。在金属底座上绘制一个凹槽，让细节更加丰富。

图 3-192　螺丝钉　　　　　　　　　　　图 3-193　螺丝钉放到钳子的旁边

（12）一个金属质感的图标（见图 3-194）便完成了，也可以创建不同大小尺寸的图标，因为它是矢量的。

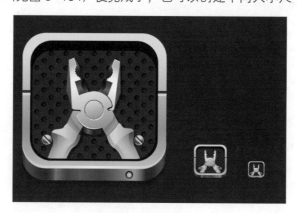

图 3-194　图标

四、绘制列表界面和详情界面

（1）用 Adobe Photoshop 和 Adobe Illustrator 设计列表和详情界面。

最终效果图如图 3-195 所示。

列表界面在构架内容信息层级时经常用到，特别是在手持终端设备上。由于屏幕大小的限制，经常需要从列表界面选择感兴趣的内容再进入详情界面去查看。通常列表的一个列表项会列举出关键信息供用户分辨和判断，例如外观图片、标题、价格、时间、简介等。还有一个元素很重要，就是图 3-196 中每个列表项的右侧有一个向右的箭头，指示这个列表项还有下一级界面，点击后进入的是关于它的下一级界面。这是一个习惯用法，请大家记住。

由于在这里偏向于视觉设计，假定用户是根据图片的不同来分辨信息，虽然这样的情况不多见。

（2）新建画布 640 像素×960 像素，所有单位设置为像素。

（3）在画布顶端画一个 640 px×40 px 黑色的条（见图 3-197），透明度设置为 60%。这个被称为状态栏，上面承载运营商、时间、电池电量等信息。新建一个组，命名为"status bar"。笔者置入了运营商、时间、电池电量等信息。

图 3-195　最终效果图　　　　　　图 3-196　列表项　　　　　　图 3-197　黑色的条

（4）在状态栏下方画一个 640 px×88 px 黑色的矩形，在画布底部画一个 640 px×96 px 黑色的矩形，作为导航栏和 Tab 栏。设置他们的混合选项样式，如图 3-198 所示。

（5）得到图 3-199 效果，在上方的导航栏上用文字工具写上"轮毂"作为当前界面的标题。文字也定义一下混合选项样式，加上一个投影，参数如图 3-200 所示。

图 3-198　混合选项样式

图 3-199　效果　　　　　　图 3-200　参数

（6）打开 Adobe Illustrator，新建一个空白画布。用 AI 绘制一个轮毂（见图 3-201），用于 Tab 栏的图标。用椭圆工具绘制一个正圆，填充为灰色。复制圆形，并置于顶层，填充为黑色。选中黑色的圆，同比缩小，如图 3-202 所示。

（7）同时选中两个圆，在路径查找器面板点击"减去顶层"，得到如图 3-203 所示的环形。

 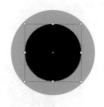 

图 3-201　轮毂　　图 3-202　黑色的圆　　　　　　　　　　图 3-203　环形

（8）在环形的中间，再绘制一个圆形。让它们水平和垂直居中对齐。然后绘制一个深灰色椭圆，如图 3-204 所示。

（9）选中深灰色椭圆形状，点选工具栏里的旋转工具。鼠标移向灰色圆的圆心附近，当看到出现中心点的提示时，按住 Alt 键单击鼠标左键。成功的话会弹出对话框，在对话框中填写角度为：72，可以勾选预览，然后点"复制"按钮，如图 3-205 所示。

图 3-204　椭圆　　　　　　　　　　　　　图 3-205　复制

（10）复制了一个椭圆并以圆环的圆心为中心旋转了 72°。按"Ctrl+D"键重复上一步动作，直到得到 5 个椭圆。同时选中这五个椭圆，在路径查找器面板点击"联集"，得到如图 3-206 所示的形状。

图 3-206　形状 1

（11）同时选中中间灰色圆和深灰色椭圆，在路径查找器面板点击"减去顶层"，得到如图 3-207 所示的形状。

图 3-207　形状 2

（12）在中心位置绘制一个小圆，同样在路径查找器面板点击"减去顶层"，得到如图 3-208 的形状。用旋转工具改变一下角度，得到最终的"轮毂"图标。

（13）框选"轮毂"的所有图形，拖曳到在 Photoshop 里面创建的画布。拖过来的图形会作为一个智能矢量图形图层显示，如图 3-209 所示。

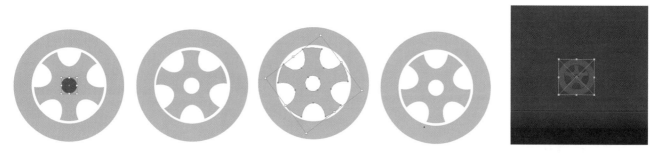

图 3-208　形状 3　　　　　　　　　　　　　　　　　　　图 3-209　图层显示

（14）双击轮毂图标的图层，设置图层混合样式，参数如图 3-210 所示，设置成有内阴影的凹陷效果。

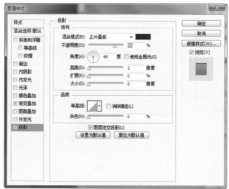

图 3-210　参数

（15）使用同样的方法绘制其他的三个图标，具体方法就不再赘述。并在图标下方写好名称，等距排列好。接下来创建一个聚焦状态的图标，在轮毂图标的下方绘制一个圆角矩形，如图 3-211 所示。

图 3-211　圆角矩形

（16）选择圆角矩形的图层，设置图层混合样式，参数如图 3-212 所示。同时将这个图层的填充值改为 15%。

（17）选择轮毂图标图层，设置图层混合样式，参数如图 3-213 所示。

（18）得到如图 3-214 所示的效果。轮毂文字也相应改成白色，凸显聚焦的状态。此时 Tab 栏对应的聚焦状

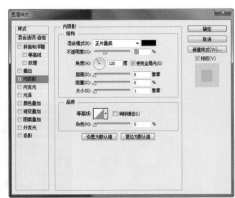

图 3-212 参数

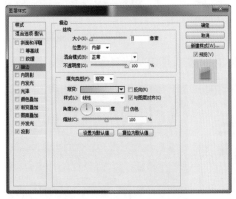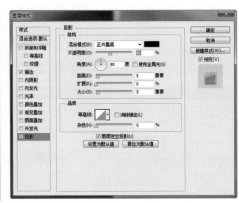

图 3-213 参数

态 "轮毂" 就是当前看到的界面内容和上方的导航栏是对应的关系。清晰的导航会使用户有清晰的认知。

（19）绘制一个列表项，使用矩形工具绘制一个如图 3-215 的灰色矩形。

图 3-214 效果

图 3-215 灰色矩形

（20）找到样式面板，在下拉选项中选择 "Web 样式"，可看到图 3-216 所示的样式。选择矩形图层，点选样式面板第一排第三个样式。在勾选项中去掉斜面和浮雕，只留一个图案叠加。因为仅仅需要这个拉丝金属的图案效果。接着勾选渐变叠加，并对它进行编辑，参数如图 3-217。

（21）设置完成后，得到图 3-218 所示的效果。在上方绘制高度为 1 px 的白色线，作为高光。将这根线放在矩形的上沿。

（22）得到图 3-219 所示的效果。

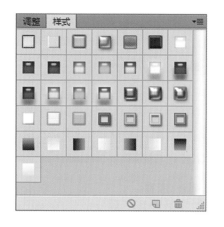

图 3-216　样式

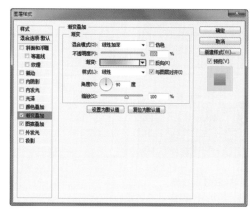

图 3-217　参数

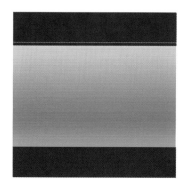

图 3-218　效果

图 3-219　效果

图 3-220　调节锚点

（23）使用圆角矩形工具，绘制一个如图的黑色矩形。接着绘制一个圆角半径稍大的圆角矩形，调节锚点使它变成图 3-220 的样子。选中这两个图层，按"Ctrl+E"键，两个形状合并成一个形状图层。

（24）设置这个图形的混合样式，参数如图 3-221 所示，定义高光和厚度。

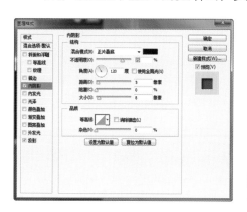
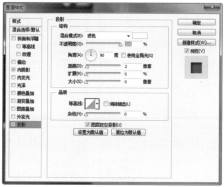

图 3-221　参数

（25）新建一个画布，创建如图 3-222 所示的规则排布的黑色圆点图案背景。方法在上一节绘制图标底座时已经讲过。将底下的形状图层作为蒙版，把圆点背景置于其中。效果如图 3-223 所示。

（26）选择黑色圆点背景图层，设置图层混合样式，参数如图 3-224 所示。创建出凹陷的阴影效果和空间感。

（27）在上面再绘制一个黑色矩形，作为放置图片的蒙版。在右上角的位置添加一个小螺丝钉，螺丝钉在图标

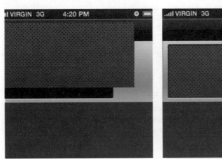

图 3-222　图案背景　　　　　　图 3-223　效果　　　　　　　　　图 3-224　参数

里画过，直接拖过来用就好了，如图 3-225 所示。

（28）在右边的空白处，绘制一个圆形的形状图层，如图 3-226 所示。

图 3-225　添加螺丝钉　　　　　　　　　　　　图 3-226　图层

（29）设置这个圆形的混合样式，参数如图 3-227 所示，定义出质感和厚度。

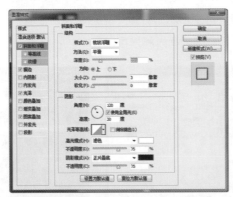
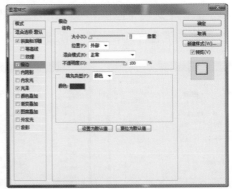

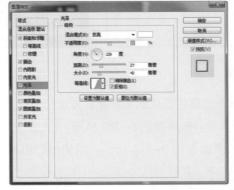
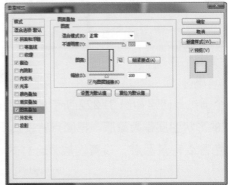

图 3-227　参数

（30）设置后的效果如图 3-228 所示，接着绘制一个向右的箭头用深灰色填充，这个标志的 UI 元素代表有下一层级的界面。

图 3-228　效果

（31）框选刚画好的所有元素，复制这一组元素。排列满整个界面。然后找到要放的图片，放置到每个黑色的蒙版图层，便完成了列表界面，如图 3-229 所示。

（32）如图 3-230 所示是详情界面，绘制方法和列表界面大同小异。只是有一个细节要提醒大家，字体和字号的选择一定要让用户清晰辨认为前提，标题稍大，正文重要的部分用对比度大的颜色。再注意排列整齐美观即可。

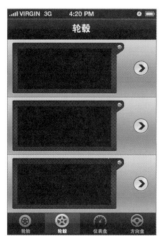

图 3-229　列表界面　　　　　　　　　　图 3-230　详情界面

第三节　酒店预订应用

一、木头质感图标

（1）用 Adobe Illustrator 制作木头质感图标。最终效果图如图 3-231 所示。

木头质感给人自然、舒适、温暖的情感印象，是日常生活中熟悉的东西。本节要设计的是预订酒店应用的图标，用木头床传递酒店的健康、舒适的品牌理念是再贴切不过了。

（2）新建画布 1 024 像素×768 像素，所有单位设置为像素，如图 3-232 所示。

图 3-231　最终效果图

图 3-232　画布

（3）使用圆角矩形工具在画布上单击，弹出对话框。填入如图 3-233 数值，得到圆角矩形，颜色用灰色填充。

图 3-233　填入数值

（4）在网上找到一张类似图 3-234 的木纹素材图片，拖进刚创建的画布。将圆角矩形置于木纹图片之上，适当调整图片的大小和位置，以便再接下来创建裁切蒙版时，得到想要的木纹图案。同时选中图片和圆角矩形，点鼠标右键，选择"建立裁切蒙版"，得到图 3-235 效果。

图 3-234　素材图片

图 3-235　效果

（5）选择工具栏里的直接选择工具，选中刚画好的圆角矩形。按"Ctrl+C"复制，按"Ctrl+F"在它的上方复制新的形状。用灰色填充，效果如图 3-236 所示。

（6）将灰色圆角矩形的颜色设置成棕色，颜色值为 #9E3D13。并将图层模式改为叠加，不透明度改为 50%。得到图 3-237 的效果，可以看到颜色相对之前饱和一些色相更偏暖。为了让大家看得更明白发生了什么，图 3-238 说明了它们的关系，叠加的棕色图形覆盖在木纹背景之上。

（7）选中刚画好的圆角矩形。按"Ctrl+C"复制，按"Ctrl+F"在它的上方复制出新的形状。用黑色填充，图层样式改为正常，不透明度改为 100%。效果如图 3-239 所示。这时的图层面板上只有一个图层 1，再新建一个图层 2。

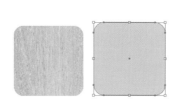
图 3-236　效果

图 3-237　效果

图 3-238　叠加

（8）先选中图层 2，再选中黑色的圆角矩形。点鼠标右键，在弹出菜单中选：排列—发送至当前图层。这样黑色的圆角矩形就以同样的位置出现在图层 2 中，把图层 1 锁定，暂时不更改它，如图 3-240 所示。

图 3-239　效果

图 3-240　图层

（9）为了方便下一步制作，把刚才的黑色圆角矩形换个颜色，选择绿色，因为和红色的路径边框线能很好地区别开。在圆角矩形上画一个矩形，覆盖比例在三分之一左右，如图 3-241 所示。

（10）同时选中这两个图形，在路径查找器面板中选择："交集"，点击它，如图 3-242 所示。

图 3-241　矩形

图 3-242　交集

（11）得到图 3-243 所示的这个图形，复制一个同样的图形放在下方备用，如图 3-244。

（12）复制一个上方的图形，并选中两个图形。在路径查找器面板中选择："减去顶层"，如图 3-245 所示。

图 3-243　图形

图 3-244　放在下方备用

图 3-245　减去顶层

（13）得到表现一个床头的厚度的图形，如图 3-246。接着使用渐变填充这个图形，并添加不同的颜色来打造它的形状和光感。效果如图 3-247 所示。

（14）把下方之前画好的绿色图形移动到上方使它们重合，如图 3-248 所示。

图 3-246　图形　　　　　　　图 3-247　效果　　　　　　　图 3-248　重合

（15）使用褐色的渐变色来填充刚才的绿色形状，并将图层模式改为正片叠底，不透明度改为 30%。效果如图 3-249 所示。用路径选择工具选中下方的锚点，往上移动一些来调整床背靠板的高度。

图 3-249　效果

（16）调整上面床板厚度图形的锚点和圆角弧度，以确保厚度图形和高度图形是无缝衔接的，如图 3-250 所示。

（17）选中两个图形，复制一组放置在上方。选中底下一个图形往上移动 2 px，然后同时选中两个图形，如图 3-251 所示。

图 3-250　无缝衔接　　　　　　　图 3-251　两个图形

（18）在路径查找器面板中选择："交集"，点击得到图 3-252 所示的图形。

（19）使用白色—浅黄—白色的渐变色来填充这个形状，注意同时需要降低渐变色标中白色的透明度。并将图层模式改为正常，不透明度改为 80%。效果如图 3-253 所示。

（20）复制一组图 3-254 中的形状，旋转一下放置在底部。

（21）选中表现底部厚度的图形，使用褐色渐变色来填充这个形状，注意这是个背光面，不需要高光。效果如

图 3-252　图形

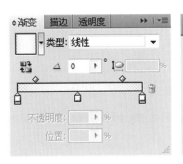
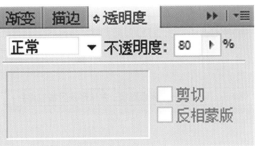

图 3-253　效果

图 3-254　形状

图 3-255 所示。

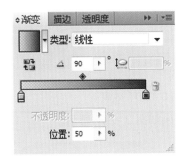
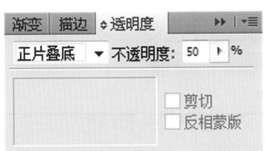

图 3-255　效果

(22) 选中底部的圆角矩形，复制一个在上方，如图 3-256 所示。在上层再绘制一个灰色矩形，裁剪出床板的形状。

(23) 选中两个图形，在路径查找器面板中选择"减去顶层"。得到图 3-257 所示的效果。

(24) 调整渐变填充，得到图 3-258 所示的效果。

(25) 使用矩形工具绘制一条如图 3-259 所示的线，用深褐色填充。

(26) 将图层模式改为正片叠底，不透明度改为 50%。效果如图 3-260 所示。

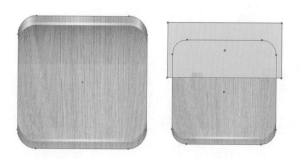

图 3-256　复制

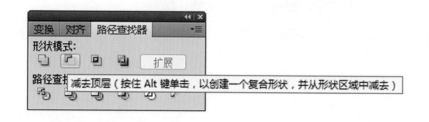

图 3-257　效果

图 3-258　效果

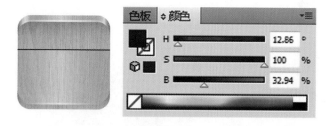

图 3-259　填充

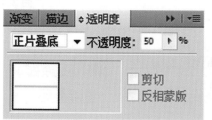

图 3-260　效果

（27）复制这条线，往下移动，如图 3-261 所示。将不透明度改为 20%。效果如图 3-262 所示。

图 3-261　往下移动

图 3-262　效果

(28）锁定图层 2（见图 3-263），新建图层 3（见图 3-264）。

图 3-263　图层 2

图 3-264　图层 3

（29）在新建图层 3 上绘制一个如图 3-265 的灰色圆角矩形。在上方绘制一个白色的稍小的圆角矩形。同时选中它们，点击菜单对象—混合—混合选项。

（30）在弹出的对话框中，间距为制定的步数，输入框中步数填 12。点击菜单对象—混合—建立。得到图 3-266 的效果。这是要绘制的褥子的雏形。

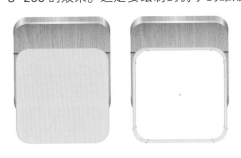

图 3-265　圆角矩形

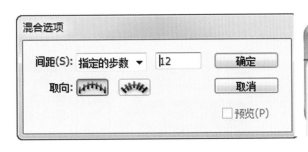

图 3-266　效果

（31）用直接选择工具选中白色的形状，按"Ctrl+C"复制，按"Ctrl+F"在它的上方复制出新的形状。用灰色填充，接着选中这个灰色，稍稍缩小它的大小，它继承了刚才创建的混合效果。这样一个有厚度的褥子出现了，如图 3-267 所示。

（32）用直接选择工具框选中如图 3-268 所示的锚点，移动这些锚点，改变褥子的高度，让它合适地放在床上。

图 3-267　褥子

图 3-268　锚点

（33）绘制被子如图 3-269 所示，新建图层 4。绘制一个如图 3-270 所示的绿色圆角矩形。

（34）绘制一个如图 3-271 所示的形状，以创建垂着的床单。

（35）选中图 3-272 所示的绿色图形，按住 Alt 键和 Shift 键向右拖动鼠标，可以在右侧复制一个同样的图形。注意衔接的时候要对齐没有一点空隙。

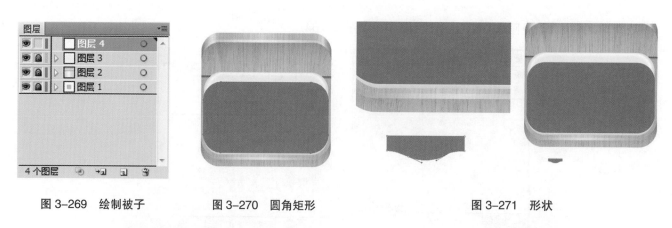

图 3-269　绘制被子　　　　　图 3-270　圆角矩形　　　　　　　　　　图 3-271　形状

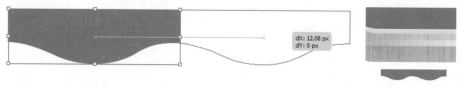

图 3-272　绿色图形

（36）按"Ctrl+D"重复上一步动作，将得到一组如图 3-273 一样的图形。将它们全部选中移动到床单下方，如图 3-274 所示。

（37）在路径查找器面板中选择第一个"联集"。合并所有形状，得到图 3-275 的效果。

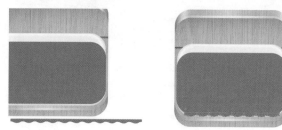

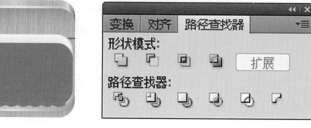

图 3-273　图形　　　图 3-274　移动到床单下方　　　　　　　　　图 3-275　效果

（38）在图 3-276 的基础上，绘制一些形状并合并，达到图 3-277 的效果。

图 3-276　合并　　　　　　　　图 3-277　效果

（39）选中图 3-278 中的圆角矩形，复制一个在上方。颜色调整为浅绿，如图 3-279 所示。

（40）同时选中图 3-280 中的两个形状，路径查找器面板中选："联集"，得到效果如图 3-281 所示。

（41）选中这个新创建的图形，用线性渐变来填充。目的是打造床单垂下时的褶皱和体积感，定义的色标必须和床单下沿的弧度对应，如图 3-282 所示。

（42）继续加上一些色标，微调颜色的亮度明度，以达到丰富的细节。最终效果如图 3-283 所示。

（43）复制一个图层，填充成黄色。绘制一个竖条状矩形，复制成一组，间距保持一致，如图 3-284 所示。

图 3-278　圆角矩形

图 3-279　调整为浅绿

图 3-280　形状

图 3-281　效果

图 3-282　对应

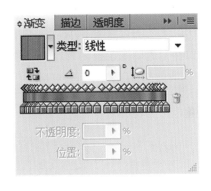

图 3-283　最终效果

图 3-284　矩形

（44）同时选中这两个图形，在路径查找器面板中选择："交集"，得到图 3-285 所示的效果。

（45）将所有条纹形状的透明度设置为 10%，得到图 3-286 所示的效果。

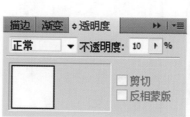

图 3-285　效果

图 3-286　效果

（46）绘制一个如图 3-287 中的图形作为高光。设置渐变填充的颜色，效果如图 3-288 所示。

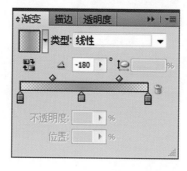

图 3-287　高光

图 3-288　效果

（47）选中床单形状，在下方复制一个，透明图设置为 60%，如图 3-289 所示。

（48）复制一个一个黑色形状，往下位移，透明图设置为 10%，如图 3-290 所示。

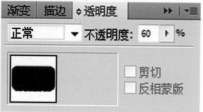

图 3-289　透明图设置 1

图 3-290　透明图设置 2

（49）同时选中这两个黑色形状，点击菜单：对象—混合—建立。得到图 3-291 的阴影效果。

（50）将已经绘制好的床单编组，接着绘制一个红色图形，如图 3-292 所示。

图 3-291　阴影效果

图 3-292　红色图形

（51）用白色和不同的灰色渐变色填充这个图形，使被子富有立体感，如图 3-293 所示。

（52）增加和刻画一些细节（见图 3-294），例如高光、投影等来表现被子折叠的部分。

图 3-293　填充图形

图 3-294　细节

（53）再加上一个阴影用于区分被子和褥子（见图 3-295）。此时被褥都绘制完成。锁定这个图层 4，新建图层 5，还差两个枕头。

（54）在新建的图层 5 中，绘制一个红色的圆角矩形，如图 3-296 所示。

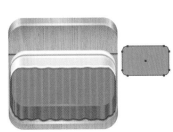

图 3-295　被子和褥子　　　　　　　　　　　　　图 3-296　圆角矩形

（55）用直接选择工具和转换锚点工具改变圆角矩形的形状，直到它变成枕头的形状。说起来很简单，其实要多练习才可以顺利地做到。完成后用白色填充，复制一个图形在上方用灰色填充，稍微缩小它。枕头如图 3-297 所示。

（56）用渐变填充刚才的灰色图形（见图 3-298），渐变类型选择：径向。中心颜色对应的色标为纯白色。

（57）同时选中这两个用于枕头的形状，点击菜单：对象—混合—建立，得到图 3-299 的混合效果。

（58）在上方在绘制一个形状，如图 3-300 所示。选中图 3-301 中的两个形状，点击菜单：对象—混合—建立，得到图 3-302 的混合效果。这时枕头蓬松的立体感已经出现了。

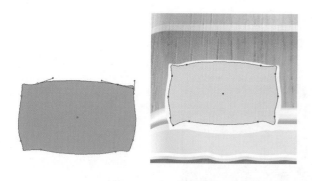

图 3-297　枕头

图 3-298　灰色图形

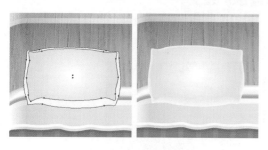

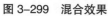

图 3-299　混合效果

图 3-300　形状

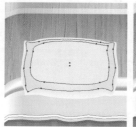

图 3-301　两个形状　　图 3-302　混合效果

（59）继续刚才类似的步骤，再添加一个高光形状，再创建混合，得到图 3-303 的效果。

现在可以得出一个结论：圆润的立体感需要多个色阶的变化来打造。

（60）枕头完成了，还需要阴影。在枕头下方绘制一个黑色阴影（见图 3-304），透明度设置为 30%。注意阴影要比枕头大一点。

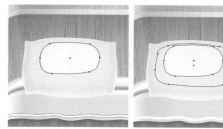
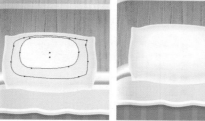
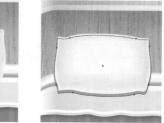
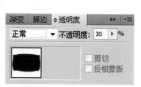

图 3-303　效果

图 3-304　黑色阴影

（61）复制一个阴影（见图 3-305），稍稍放大它的尺寸。透明度设置为 5%。

（62）选中两个作为阴影的形状，点击菜单：对象—混合—建立。得到图 3-306 的混合效果。枕头便完成了。

（63）复制一个枕头摆在右边，如图 3-307 所示。

图 3-305　阴影

图 3-306　混合效果

（64）微调作品。选中床单图形如图 3-308 所示，添加两个深绿色色标在渐变填充里，一下子就圆润很多了，如图 3-309 所示。

（65）在整张床的下方绘制一个阴影就完成了，如图 3-310 所示。

图 3-307　复制一个　　图 3-308　选中床单　　　　　　　　图 3-309　渐变填充　　　　　　图 3-310　完成品
　　　　　枕头　　　　　　　　　图形

二、查询界面

（1）用 Adobe Photoshop 来制作查询界面。最终效果图如图 3-311 所示。

酒店应用的查询酒店功能尤为重要，所以放置在第一个 Tab。查询界面是否清晰易用直接关系到这个应用的用户体验。可以看到导航栏上右侧有一个电话图标，意思是可以快速拨打客服。中间的表单视觉突出，配以图标，罗列清晰，方便用户逐一填写。底部的"查找酒店"按钮视觉显著，可触摸范围足够大，方便单手操作。这些都是在设计界面时要考虑的。

（2）新建宽 640 px，高 960 px 的画布，绘制一个半透明黑色状态栏，如图 3-312 所示。

（3）新建一个图层，用灰色填充。然后在 Photoshop 的图案库里选择一个灰色的图案来填充，如图 3-313 所示。

图 3-311　最终效果　　　　　　图 3-312　画布　　　　　　　图 3-313　图层

（4）设定好背景图案后，选中这个图层和背景图层，合并这两个图层为背景图层，如图 3-314 所示。

（5）在状态栏的下方绘制一个 88 px×960 px 的矩形形状，作为导航栏，如图 3-315 所示。

（6）设置导航栏的图层混合样式，参数如图 3-316 所示。

（7）得到如图 3-317 所示的效果，也得到导航栏的雏形。

   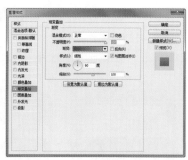

图 3-314　背景图层　　　　图 3-315　导航栏　　　　　　　　　图 3-316　参数

（8）在导航栏顶边（见图 3-318）处绘制高度为 1 px 的白色矩形，作为高光。绘制好后将透明度调整为 30%。

 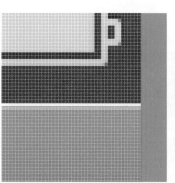 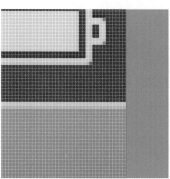 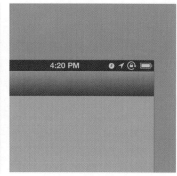

图 3-317　效果　　　　　　　　　　　　　图 3-318　导航栏顶边

（9）选择工具栏中的渐变填充工具。渐变模式为前景色到透明，并选择"径向渐变"选项，如图 3-319 所示。

图 3-319　渐变模式

（10）前景色吸取比导航栏暗部颜色稍稍明度和纯度都高一点的同色系绿色。然后使用渐变工具从画布底部往上拉出一个径向渐变，如图 3-320 所示。接着自由变换挤压它的高度，让它变扁一些，如图 3-321 所示。

（11）将改变形状后的渐变移动到导航栏的底部居中。要的效果是一个比暗部稍亮的反光，如果发现反光不够明显，可以调整色阶使它变亮一些。但是要注意反光还是属于暗面，不能比亮部更亮。效果如图 3-322 所示。

（12）刻画细节，绘制一个高度为 2 px 的白色矩形，放置在导航栏的底部，如图 3-323 所示。

 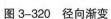   

图 3-320　径向渐变　　　　图 3-321　挤压　　　　　图 3-322　效果　　　　　图 3-323　细节

（13）设置白色矩形的图层混合样式中的渐变叠加，采用三个色标，左右的色标颜色和导航栏暗部的颜色一致，中间那个色标要比刚绘制的径向渐变的绿色还亮一些，如图 3-324 所示。

（14）这样得到一个中间向两端渐隐的亮线。这也是一个反光，如图 3-325 所示。

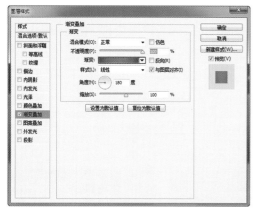

图 3-324　渐变叠加　　　　　　　　　　　　　　　　　　　　　图 3-325　反光

（15）绘制一个灰色到透明的渐变作为导航栏的投影。把它放置在导航栏的下方，图层在导航栏背景色块的下面，如图 3-326 所示。

（16）创建导航栏的文字标题，字体颜色为白色，并添加投影的混合选项，如图 3-327 所示。

（17）绘制一个如图的"拨打热线"的图标，放置在导航栏的右侧，如图 3-328 所示。

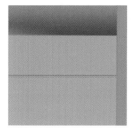

图 3-326　导航栏　　　　　　　　　　图 3-327　文字标题　　　　　　　图 3-328　图标

（18）设置图标的混合样式，参数如图 3-329 所示。

图 3-329　参数

（19）绘制查询界面的查询条件区域。

绘制一个如图的矩形，使用浅黄色填充，如图 3-330 所示。

（20）设置黄色矩形的混合选项，得到效果如图 3-331 所示。

（21）绘制一个矩形，使用直接选择工具分别选取顶端的锚点并移动锚点，使它变成一个如图的等腰梯形，如图 3-332 所示。

图 3-330　填充

图 3-331　效果　　　　　　　　　　　　　　　　　　　　图 3-332　移动锚点

　　(22) 设置等腰题型的混合选项，参数如图 3-333 所示，效果如图 3-334 所示。这样得到一个带有透视的纵深的面。为了使得这种纵深和空间感更形象，再绘制一个投影来强化它。

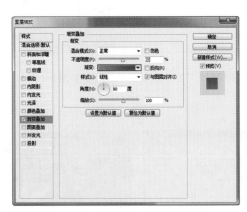

图 3-333　参数　　　　　　　　　　　　　　　　　　　　图 3-334　效果

　　(23) 方法刚才讲到过，使用渐变填充工具，绘制一个前景色到透明的径向渐变。但是这次是从画布上方往下放拖动渐变，得到类似图 3-335 所示的渐变，同样改变它的高度。

　　(24) 选择一个褐色来填充这个渐变，色值如图 3-336 所示。

　　(25) 将改好颜色的褐色渐变移动到导航栏的底边下方，得到如图 3-337 所示的效果。

　　(26) 刻画细节如图 3-338 所示。在面转折的地方绘制 1 px 高的矩形来刻画一个高光。

　　(27) 设置它的混合模式，参数如图 3-339 所示。

　　(28) 注意中间的色标颜色要稍亮一点，它是这一区域最亮的颜色，而两端的色标最好和附近的背景色一致，

图 3-335 渐变 　　　　　　　　　　　　　　　　　　　　　　　　图 3-336 色值

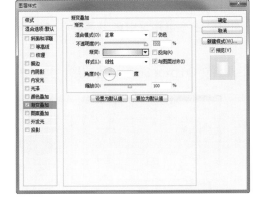

图 3-337 效果 　　　　　　　　　　　　　图 3-339 参数

图 3-338 细节

这样就能创建出中间向两端渐隐的效果。得到效果如图 3-340 所示。

（29）在查询区的底部同样绘制高度为 1 px 的矩形，如图 3-341 所示。

图 3-340 效果 　　　　　　　　　　　　图 3-341 矩形

（30）同样设置这个矩形的混合样式，参数如图 3-342 所示。

（31）得到如图 3-343 效果，注意这次的色标是中间暗，两端亮，为的是创造两个角翘起凸显的效果。

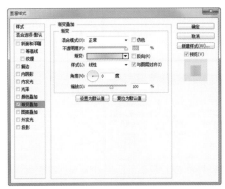

图 3-342 参数 　　　　　　　　　　　　图 3-343 效果

（32）参照第一章中创建图像投影的方法，也绘制一个投影在下层。这样空间和纵深感更强烈了。投影如图 3-344 所示。

（33）绘制如图 3-345 的形状作为装饰花纹，放置在顶部的位置。注意它含有 1 px 的白色透明投影。

图 3-344　投影　　　　　　　　图 3-345　装饰花纹

（34）绘制如图 3-346 的虚线作为分隔线，将整个区域划分为四行。注意分隔线也含有 1 px 的白色透明投影。

（35）创建图标和文本内容（见图 3-347），注意选用足够能看清的字体大小。还有向右的箭头标志，代表还有隐藏的下层内容。

（36）绘制底端的 Tab 栏，使用矩形工具绘制 96 px×960 px 的矩形，如图 3-348 所示。

图 3-346　虚线　　　　　图 3-347　图标和文本内容　　　　图 3-348　矩形

（37）设置矩形的混合选项，参数如图 3-349 所示。

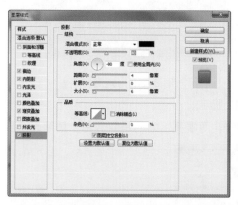 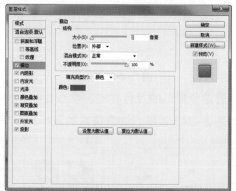

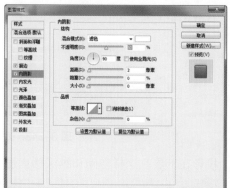 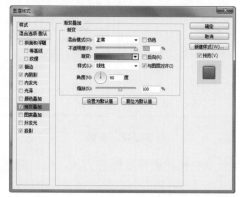

图 3-349　参数

（38）得到效果如图 3-350 所示。

（39）绘制一个深绿色的矩形作为聚焦状态的背景色，高度同样为 96 px。宽度控制在两条分隔线之间，如图 3-351 所示。

（40）参照绘制分隔线的方法绘制 4 根如图的分隔线，将 Tab 栏等分为 5 份，如图 3-352 所示。

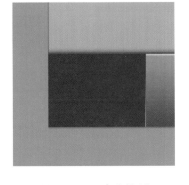

图 3-350　效果　　　　　　　　　图 3-351　高度控制　　　　　　　图 3-352　Tab 栏

（41）给聚焦状态的背景设置一个内阴影的混合选项，如图 3-353 所示。

（42）绘制 Tab 栏图标和文字，如图 3-354 所示。

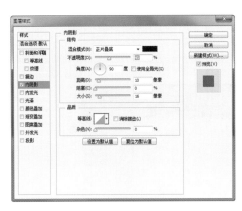

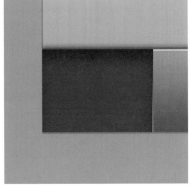

图 3-353　混合选项　　　　　　　　　　　　　　　图 3-354　图标和文字

（43）选中聚焦状态的放大镜图标，为它设置混合选项创建一个特殊的视觉属性。参数如图 3-355 所示。

图 3-355　参数

（44）效果如图 3-356 所示，同时字体的颜色也相应设置为绿色。这样聚焦状态便完成了。

（45）绘制一个查询按钮（见图 3-357）。使用圆角矩形工具绘制一个如图的形状。

（46）设计按钮的混合选项，参数如图 3-358 所示。

（47）添加按钮上的文字，颜色为白色，并添加 1 px 的透明内投影。查询界面便完成了，如图 3-359 所示。

图 3-356　效果　　　　　　　图 3-357　查询按钮

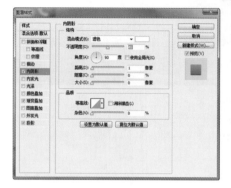

图 3-358　参数

（48）效果如图 3-360 所示。

图 3-359　查询界面　　　　　　　　　　图 3-360　效果

第四章

游戏界面和写实图标

YOUXI JIEMIAN HE XIESHI TUBIAO

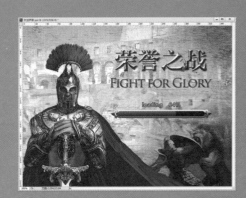

第一节　平板游戏界面设计实例

一、欢迎界面

（1）本书讲解的游戏界面设计实例是应用于平板设备的格斗游戏。游戏属于沉浸式程序，为了让玩家得到身临其境的体验，状态栏是隐藏的。同时游戏程序更注重视觉表现、声效的应用、动画特效的应用，好的游戏注重营造出这种立体的游戏氛围。

先学习欢迎界面的设计，欢迎界面还有等待游戏加载的功能。欢迎界面最终效果图如图 4-1 所示。

（2）具体的设计步骤如下。打开 Photoshop，新建一个画布，尺寸为 1 024 像素 × 768 像素。在网站上找一些素材图片叠加组合在一起，作为背景，如图 4-2 所示。

图 4-1　欢迎界面最终效果图

图 4-2　欢迎界面背景

（3）添加游戏主要角色在画面上，如图 4-3 所示。

此处主要讲解游戏界面的设计，故没有花精力来绘制一个游戏角色。

此角色是在互联网找的免费图片素材。

如果以后从事游戏界面的设计工作，游戏原画团队肯定要提供角色原画作为素材。

（4）设计游戏标准视觉形象。

添加一个文本图层，输入"荣誉之战"四个字，文字填充为白色，如图 4-4 所示。

（5）选中文字图层，设置它的混合选项也就是图层样式参数，如图 4-5 所示。

（6）设置完成得到如图 4-6 所示的效果。贵金属质感的字能传达荣誉、坚实力量等印象，符合游戏的整体氛围。

（7）添加一些血迹图形（见图 4-7）叠加在黄金字体之上，营造出热血和战斗的氛围。

血迹可以通过在网上搜索"血迹""墨点"或"油漆喷溅"之类关键字找到。

（8）添加一个游戏的英文名称（见图 4-8），复制"荣誉之战"图层的图层样式粘贴到英文图层，这样一个完整的游戏标准视觉形象完成了。

图 4-3　添加主要角色

图 4-4　添加文本

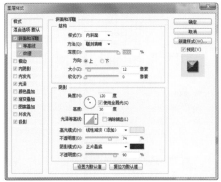  

图 4-5　文字图层参数

图 4-6　文字效果

图 4-7　添加血迹

（9）接下来在 logo 的下方绘制加载的进度条。用圆角矩形工具绘制一个黑色的圆角矩形，如图 4-9 所示。

（10）在减去当前形状模式下，绘制一个略小的圆角矩形，得到一个镂空的图形，如图 4-10 所示。

图 4-8　添加英文名称　　　　　　图 4-9　进度条　　　　图 4-10　镂空的图形

（11）设置镂空图形的混合样式参数，如图 4-11 所示。

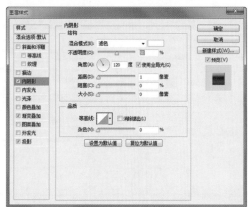 

 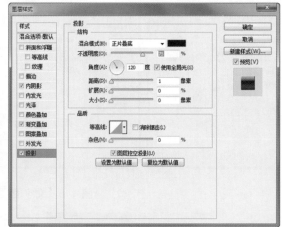

图 4-11　镂空图形参数

（12）得到一个黄金质感的边框（见图 4-12）。这便是进度条的外轮廓。

（13）使用 AI 或 Photoshop 里面的钢笔工具绘制一个如图 4-13 所示的花纹形状，放在进度条的左侧作为装饰。

（14）复制黄金质感边框的图层样式粘贴到花纹图层，呈现出同样的质感效果，如图 4-14 所示。

（15）复制一个花纹，水平翻转，放置到进度条右侧，如图 4-15 所示。

图 4-12 边框

图 4-13 花纹形状

图 4-14 质感效果

图 4-15 复制花纹

（16）绘制一个黑色的圆角矩形作为底色，这个图层放置在底层，如图 4-16 所示。

（17）在黑色圆角矩形的上层绘制一个红色的圆角矩形，表示已完成的进度，如图 4-17 所示。

图 4-16 底层

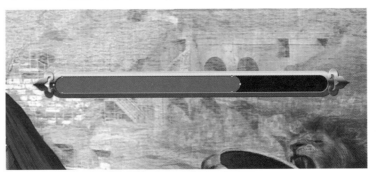
图 4-17 圆角矩形

（18）设置红色圆角矩形的图层混合选项参数，如图 4-18 所示。

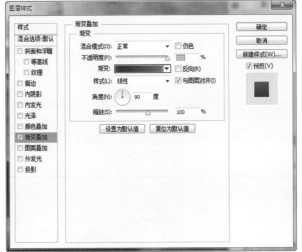

图 4-18 红色圆角矩形参数

（19）得到效果如图 4-19 所示。进度条便大体完成，只差一个实时显示的数值。

（20）在进度条之上添加表示完成度的数据文本，如图 4-20 所示。

（21）设置文本图层的混合选项参数，如图 4-21 所示。

（22）欢迎界面整体完成了，最终完成效果如图 4-22 所示。

图 4-19　进度条效果图　　　　　　图 4-20　数据文本

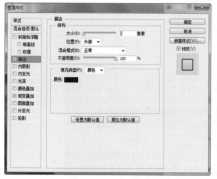

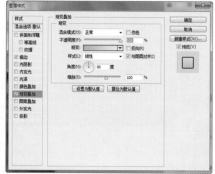

图 4-21　文本图层参数　　　　　　　　　　　　图 4-22　完成图

二、战斗关卡界面

（1）下面介绍战斗关卡界面的设计。

在这里设定每个战斗关卡是一个强大的对手，界面上主要承载的是对手角色的外形和战斗参数。同时玩家自己的信息也直观地呈现，包括玩家目前的等级、经验值升级进度、金币和钻石财富的数量、可以使用的道具等，以方便玩家对自己和对手的战斗力进行比较。

同时设计商店和退出的入口。最终效果图如下 4-23 所示。

图 4-23　战斗关卡最终效果图

（2）制作一个战斗场景（见图 4-24），真实的游戏中有场景设定原画。这里用图片素材来组合成一个场景：暗夜下的城堡。使用冷色调能更好地和人物设定保持一致。

（3）添加关卡角色在画面上，如图 4-25 所示。

图 4-24　战斗场景

图 4-25　添加关卡角色

（4）在屏幕顶部绘制一个黑色矩形充当玩家信息栏，透明度设置为 60%，如图 4-26 所示。

图 4-26　绘制黑色矩形

（5）添加等级标题和文本信息，图层样式使用本节第一部分讲过的加载进度条的黄金质感，如图 4-27 所示。

图 4-27　等级标题和文本信息

（6）按照加载进度条的制作方法绘制一个等级的进度条（见图 4-28）。不同的是完成进度使用绿色系。

图 4-28　等级的进度条

（7）绿色的完成进度的图层混合样式参数如下图 4-29 所示。

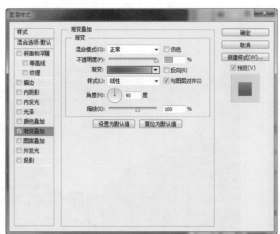

图 4-29　绿色的完成进度的图层混合样式参数

（8）添加文本信息，如图 4-30 所示。在右侧添加金币图标和钻石图标，同时也加上数值。

图 4-30　添加文本信息

（9）在屏幕底部同样绘制一个黑色矩形，透明度为 60%。这个区域用于存放按钮，如图 4-31 所示。

（10）绘制一个如图 4-32 所示的图形放置在黑色矩形顶端，同样添加黄金质感的图层样式。

图 4-31　存放按钮　　　　　　　　　　　　　　　　　　图 4-32　图形

（11）绘制按钮如图 4-33 所示。

图 4-33　按钮

在 AI 里绘制一个如图 4-33 所示的图形作为按钮的边框，注意不要合并形状。这样的复杂图形可以先用铅笔绘制草图，然后照着草图来绘制，这样更有效率。

（12）复制如图 4-34 所示的这一部分图形。

（13）按照花纹的交错关系将它们分组合并（见图 4-35）。用不同颜色区分方便读者理解。接着一个颜色一个部分拖曳到 Photoshop 里的游戏关卡界面中。

图 4-34　复制图形　　　　　图 4-35　分组合并

（14）在 Photoshop 里将这些图形拼成原来的样子，统一都加上黄金质感图层样式。正因为按照交错关系分图层来拼接这个花纹，所以样式并没有影响它的空间关系，如图 4-36 所示。

（15）使用圆角矩形绘制如图 4-37 所示的边框，加上黄金质感。在这里重新绘制圆角矩形边框是必要的，这样可以更方便地调整它的高度宽度以适应不同尺寸的按钮。

图 4-36　拼接花纹　　　　　　　　　　图 4-37　绘制圆角矩形边框

（16）完成后复制另一侧的花纹，如图 4-38 所示。

（17）在边框下面新建图层，绘制一个绿色的圆角矩形作为按钮的主体，如图 4-39 所示。

 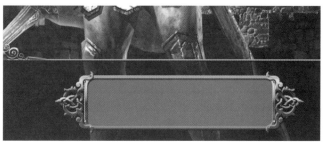

图 4-38　复制花纹　　　　　　　　　　图 4-39　按钮主体

（18）给绿色圆角矩形设置图层混合样式参数，如图 4-40 所示。

（19）得到效果如图 4-41 所示。继续下一步，添加按钮文字"开始战斗"。

（20）选中"开始战斗"文字图层，设置图层混合样式参数，如图 4-42 所示。

（21）得到文字的凹陷效果，一个按钮便完成了，效果如图 4-43 所示。

（22）复制刚完成的按钮，改变它的宽度来定义另两个按钮，得到"退出"和"商店"按钮，放置在左侧。按钮如图 4-44 所示。

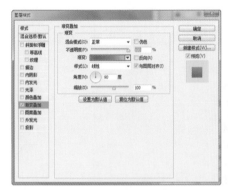

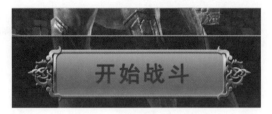

图 4-40　绿色圆角矩形参数

图 4-41　添加文字效果图

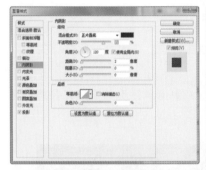

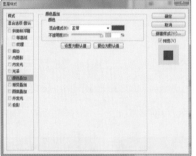

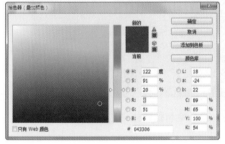

图 4-42　"开始战斗"文字图层参数

图 4-43　文字凹陷效果图

（23）在中间区域的左侧绘制一个圆角矩形边框，用来定义道具栏的尺寸，同样添加黄金质感样式，如图4-45 所示。

图 4-44　按钮

图 4-45　圆角矩形边框

(24) 绘制黑色圆角矩形放置在边框图层下层，透明度设置为80%，如图4-46所示。

(25) 在AI里面绘制一个如图4-47所示的图形，拖曳到游戏关卡界面中作为道具栏顶端的装饰元素。同样添加黄金质感样式。

图 4-46 透明度设置

图 4-47 绘制道具栏顶端的装饰元素

(26) 复制一个同样的图形垂直翻转，放置到道具栏底端。绘制两根分隔线，将道具栏分成三部分，如图4-48所示。

(27) 添加道具放置在道具栏上（见图4-49）。这里放置三个药瓶道具，并添加数量。

(28) 在画面中央添加关卡任务的战斗数值，如图4-50所示。

图 4-48 绘制分隔线　　　　　图 4-49 添加道具　　　　图 4-50 关卡

(29) 这样战斗关卡界面就完成了，最终效果如图4-51所示。

图 4-51 战斗关卡完成效果图

三、道具栏药瓶图标

（1）如图 4-52 所示的道具药瓶是用 AI 来进行绘制的，难点在于透明质感的表现。下面介绍如何绘制这样一个药瓶图标。

（2）使用钢笔工具绘制一个如图 4-53 所示的图形作为瓶子的主体部分，使用浅灰色填充，透明度设置为 30%。

图 4-52　道具药品　　　　　　　　　　图 4-53　瓶子的主体部分

（3）绘制一个椭圆图形，使用白色填充，透明度设置为 50%，选中瓶身和椭圆，创建图形混合，混合模式为指定的步数，步数为 12，如图 4-54 所示。

（4）接着绘制一个如图 4-55 所示的图形，使用深绿色填充，作为瓶内液体的基础形态。

（5）绘制一个如图 4-56 所示的图形，使用草绿色渐变填充。将两个绿色图形选中，创建混合，得到如图效果。

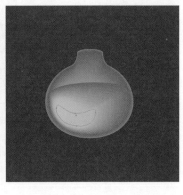

图 4-54　绘制椭圆图形　　　　　图 4-55　深绿色填充　　　　　图 4-56　混合两个绿色图形

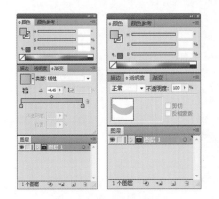

图 4-57　参数设置

（6）绿色渐变的参数设置如图 4-57 所示。绘制出来的液体看起来具有一定的透光度。

（7）绘制一组同心椭圆，分别设置不同色阶的绿色。创建混合，得到液体的顶面波纹效果，如图 4-58 所示。

（8）绘制如图 4-59 所示的图形作为瓶子暗部的反光，使用白色到透明的渐变填充。

（9）继续绘制瓶身上部的反光，使用白色到透明的渐变填充，如图 4-60 所示。

（10）绘制两个白色图形作为瓶身上的高光，如图 4-61 所示。

图 4-58　顶面波纹效果　　　　　　　　　　　　　　图 4-59　暗部的反光

图 4-60　渐变填充　　　　　　　　　　　　　图 4-61　高光

（11）由于玻璃具有很光滑的质感，反光率很高，所以继续绘制其他的环境对瓶子的反光和折射，如图 4-62 所示。

（12）绘制一组椭圆，设置不同透明度的白色和渐变色，创建混合得到一个瓶底图形，如图 4-63 所示。

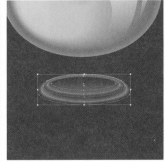

图 4-62　反光和折射　　　　　　　　　　　　　　图 4-63　瓶底图形

（13）绘制如图 4-64 所示的月牙形状，使用渐变色填充，渐变的色相如图 4-65 所示，透明度设置为 42%。

（14）到这一步，瓶身的绘制便完成了，效果如图 4-66 所示。

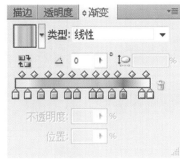

图 4-64　月牙形状　　　　　图 4-65　渐变的色相　　　　　图 4-66　效果

（15）绘制不同透明度的黑色椭圆，创建混合，以塑造投影的效果（见图 4-67）。注意中间有一个白色的半透明椭圆，这表示瓶子的强烈反光刚好投射在投影的区域。

（16）绘制如图 4-68 所示的图形作为瓶箍。

图 4-67　塑造投影效果　　　　　　　　　　　　图 4-68　瓶箍

（17）使用渐变色填充瓶箍图形，色相设置如图 4-69 所示。

（18）绘制如图 4-70 所示的图形，使用深灰色填充，这代表瓶箍的厚度。

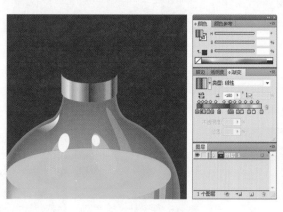

图 4-69　瓶箍色相设置　　　　　　　　　　　　图 4-70　瓶箍的厚度效果图

（19）绘制瓶颈，注意上部保留和瓶箍一致的弧度。使用不同透明度的渐变色填充瓶颈，色相设置如图 4-71 所示。

（20）绘制一个瓶颈的高光图形，使用白色到透明的渐变填充。色相设置如图 4-72 所示。

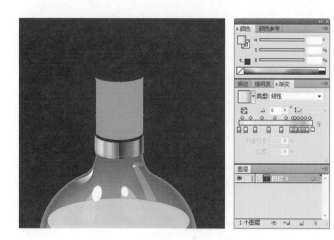

图 4-71　瓶颈色相设置　　　　　　　　　　　　图 4-72　瓶颈高光图形的色相设置

（21）使用和绘制瓶底类似的方法，绘制瓶口，效果如图 4-73 所示。

（22）下面开始绘制球状玻璃瓶塞，绘制一个正圆，黑色填充，透明度为 9%，如图 4-74 所示。

图 4-73　瓶口效果　　　　　　　　　　　　　　　　图 4-74　瓶塞

（23）绘制一个稍小的浅灰色圆形，透明度设置为 50%。选中这两个圆形创建混合，如图 4-75 所示。

（24）绘制一个如图 4-76 所示的浅灰色图形，透明度设置为 50%，继续创建混合。

图 4-75　创建混合　　　　　　　　　　　　　　　　图 4-76　继续创建混合

（25）继续在上层绘制一个如图 4-77 所示的图形，使用浅灰色到深灰色渐变填充，透明度设置为 29%，继续创建混合。

（26）继续在上层绘制一个如图 4-78 所示的图形作为瓶塞的环境色，使用渐变填充，透明度设置为 70%。

图 4-77　再次创建混合　　　　　　　　　　　　　　图 4-78　绘制瓶塞的环境色

色相和色阶设置如图 4-78 所示。

（27）继续绘制瓶塞玻璃球上部的反光，使用白色到透明的渐变填充，如图 4-79 所示。

（28）添加两个白色椭圆图形作为高光，透明而又光滑的质感便塑造出来了，如图 4-80 所示。

（29）最终完成图如图 4-81 所示。

图 4-79 渐变填充   图 4-80 质感   图 4-81 药瓶完成图

四、商店界面

（1）本部分介绍商店界面的设计和制作。很多游戏中都有商店，玩家可以在里面购买武器装备或道具。商店界面的交互枢纽为左上角的下拉菜单，可以看到当前显示的是武器的分类，其他的分类都隐藏在下拉菜单中。因此只需要绘制一个界面，其他的分类都可以继承这个风格，如图 4-82 所示。

（2）制作一个背景如图 4-83 所示。

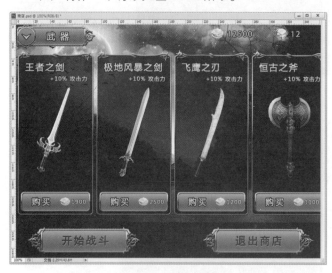   

图 4-82 商店界面效果图   图 4-83 背景

（3）将之前绘制过的金币和钻石财富值摆放在右上角的位置，有多少财富可用于购买是个关键信息，如图 4-84 所示。

（4）复制之前绘制过的按钮，定义一个下拉菜单的基础，摆放在左上角，如图 4-85 所示。

（5）绘制一个正圆形状，添加黄金质感的图层样式，如图 4-86 所示。

（6）在上层继续绘制一个白色的圆形形状，略小于刚才的圆，如图 4-87 所示。

（7）设置这个白色圆形图层的图层样式参数，如图 4-88 所示。

图 4-84　金币和钻石财富值　　　　　　　　　　图 4-85　下拉菜单

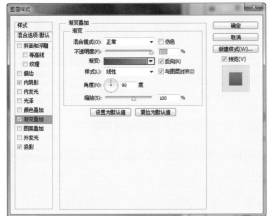

图 4-86　添加黄金质感

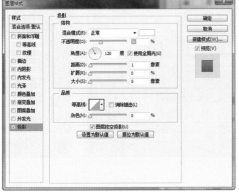

图 4-87　绘制圆形　　　　　　　　　　　　　　图 4-88　设置参数

（8）效果如图 4-89 所示。

（9）使用钢笔工具绘制一个白色向下箭头来标志下拉菜单的操作提示，如图 4-90 所示。

图 4-89　设置参数后效果　　　　　　　　　　图 4-90　绘制操作提示

（10）选中刚刚绘制的白色箭头图层，设置这个图层的图层样式参数，如图 4-91 所示。

图 4-91　白色箭头图层样式参数

（11）接着定义一个武器的边框，元素风格和道具栏是一致的。将第一个紧挨左侧屏幕边缘摆放，更多的武器设计为向左滑动屏幕显现，如图 4-92 所示。

（12）绘制一个按钮放在底部，添加按钮文字和价格信息，如图 4-93 所示。

图 4-92　武器边框　　　　　　　　　　　**图 4-93　文字和价格信息**

（13）添加武器名称、武器属性和武器图片。文字样式和左右其他界面保持风格一致，如图 4-94 所示。

（14）依此类推，绘制其他武器，如图 4-95 所示。

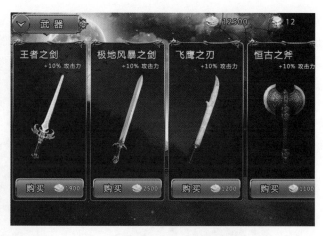

图 4-94　文字样式　　　　　　　　　　　**图 4-95　其他武器**

（15）在底部空出的位置添加两个按钮，效果如图 4-96 所示。

（16）最后绘制一个黄金质感的箭头来指引用户的操作，表示可以向左滑动屏幕查看更多的武器，同时也考虑右侧有箭头的情况，如图 4-97 所示。

（17）商店界面便完成了，效果如图 4-98 所示。

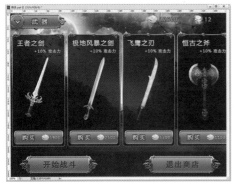

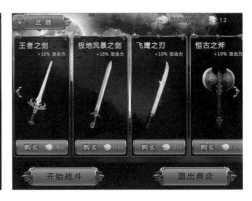

图 4-96　添加两个按钮　　　　　　　　图 4-97　箭头　　　　　　　　图 4-98　商店界面完成图

五、战斗数据统计界面

设定每一关胜利后会出现一个战斗数据统计界面（见图 4-99），当然失败了也有这样一个界面。

制作方法前面已经全部讲解过了，这里不再赘述。浏览一下过程截图如下。

（1）背景的制作，要点是突出胜利的氛围，如图 4-100 所示。

图 4-99　战斗数据统计效果图　　　　　　　　　　　图 4-100　背景的制作

（2）添加胜利的文本提示，如图 4-101 所示。

（3）中间区域为内容承载区，定义它的高度，如图 4-102 所示。

（4）添加装饰以起到分隔线的作用，如图 4-103 所示。

（5）添加标题，如图 4-104 所示。

（6）添加信息，并合理布局，如图 4-105 所示。

（7）添加数据信息和图标，注意分组，如图 4-106 所示。

（8）添加按钮，最终完成界面的设计，效果如图 4-107 所示。

图 4-101　文本提示

图 4-102　定义内容承载区高度

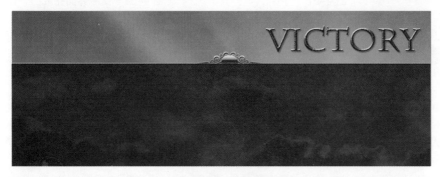

图 4-103　分隔线

图 4-104　添加标题

图 4-105　添加信息并布局

图 4-106　添加数据信息和图标

图 4-107　战斗数据统计完成图

第二节　写实类图标设计实例

一、步骤分解

（1）绘制一个如图 4-108 所示的写实类图标需要复杂的过程和众多的图形和图层，所以在绘制过程中需要很好地规划，理出绘制的先后顺序，并将图层清晰的分类。这样，当需要调整和修改一个小部件的时候，才能方便地找到它。

（2）将这个汽车图标分解成雨刮、前脸、车身、天线、底盘和车轮、挡风玻璃六个部分。这样能在最终的效果图中体现它们之间的空间关系。

同时将这六个部分对应各自的图层进行绘制，以方便梳理它们之间的空间关系，如图 4-109 所示。

图 4-108　写实类图标

图 4-109　六个部分

二、绘制挡风玻璃

（1）下面进行挡风玻璃的绘制，这一步骤的效果如图 4-110 所示。

（2）打开 Adobe Illustrator，新建图层命名为挡风玻璃。在这个图层使用圆角矩形工具和改变锚点工具绘制一个如图 4-111 的深灰色形状，得到挡风玻璃的基础形状。

图 4-110 挡风玻璃效果图

图 4-111 深灰色形状

（3）复制一个挡风玻璃图形（见图 4-112），颜色设置为白色。然后将两个图形全部选中，创建混合选项。接着重复这样的动作，创建六个颜色层次，并调整每个层次的颜色来塑造立体效果。

图 4-112 复制挡风玻璃图形

（4）最顶层是一个渐变填充，这是为了体现挡风玻璃的弧度，如图 4-113 所示。

（5）这样挡风玻璃和它的边框便完成了，如图 4-114 所示。

（6）在挡风玻璃的下方，如图 4-115 所示绘制一个图形作为车身的部分，使用蓝色系的渐变填充，如图 4-115 所示。

图 4-113 最顶层渐变填充　　　图 4-114 挡风玻璃和边框完成图　　　图 4-115 挡风玻璃下方渐变填充

（7）渐变的颜色设置和色阶数如图 4-116 所示。

（8）如图 4-117 所示在挡风玻璃的上方绘制两个图形，并创建黑色到蓝色的颜色混合，作为车顶对车身的投影。

（9）继续在阴影的上方如图 4-118 所示绘制两个图形，并创建白色到浅灰色的颜色混合，作为车顶。

图 4-116 颜色设置和　　　图 4-117 车顶对车身的投影　　　图 4-118 车顶
　　　　　 色阶数

（10）图形的层次关系是：车顶在最上，接着是投影，再是挡风玻璃和车身。效果如图 4-119 所示。

（11）如图 4-120 所示使用钢笔工具绘制一个白色图形，作为汽车内部座椅、后视镜等的剪影。同时也体现了挡风玻璃透明的质感，仿佛能透过后车窗看到亮光。

图 4-119　图形的层次关系　　　　　　　图 4-120　白色图形

（12）使用椭圆工具绘制方向盘，体积和质感的打造依旧用颜色混合来实现。

使用裁切蒙版功能，裁掉一部分方向盘的图形，使它看起来在车窗的内部，如图 4-121 所示。

（13）绘制两个图形作为高光，使用白色到透明的渐变填充，用以塑造挡风玻璃的光滑质感，如图 4-122 所示。

图 4-121　方向盘　　　　　　　　　图 4-122　高光

（14）高光的渐变设置如图 4-123 所示。

（15）阶段效果如图 4-124 所示，挡风玻璃一改之前的黯淡和沉闷，体现出了透光和光滑的特点。

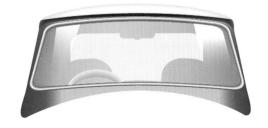

图 4-123　高光的渐变设置　　　　　　图 4-124　阶段效果

（16）绘制两个后视镜放置在车身两旁，如图 4-125 所示。

图 4-125　后视镜

由于篇幅原因，实现的方法不详细介绍了，如果读者熟悉了技法，绘制这个后视镜是很简单的事情。而且方法不止一种，也可以思考用什么样的方法来实现自己的设计。到这里，第一步挡风玻璃完成。

三、绘制车身

（1）下面进行车身的绘制。这一步骤的效果如图 4-126 所示。

（2）新建图层，命名为车身。使用钢笔工具绘制如图 4-127 的图形，并使用蓝色系颜色渐变来填充。

图 4-126　车身效果图

图 4-127　绘制车身

（3）渐变的颜色设置和色阶数参考如图 4-128 所示。

（4）如图 4-129 所示绘制一个图形作为暗部转折面，使用黑色填充。

图 4-128　渐变参数设置

图 4-129　暗部转折面

（5）将这个黑色图形的不透明度设置为 50%，如图 4-130 所示。

（6）如图 4-131 所示绘制一个图形作为车身正面，使用不同的渐变颜色填充。

图 4-130　不透明度设置

图 4-131　绘制车身正面

（7）渐变的颜色设置和色阶数如图 4-132 所示。

（8）复制一个车身正面图形，颜色填充为黑色，作为车身正面和顶面的分隔，如图 4-133 所示。

图 4-132　车身正面
　　　　　 渐变设置

图 4-133　正面和顶面的分隔

（9）绘制高光如图 4-134 所示。在车身正面上部绘制两个图形，并创建白色到浅蓝色的混合作为高光。

图 4-134　绘制高光

（10）绘制图形作为车前灯的边框，并给它们添加投影，如图 4-135 所示。

（11）绘制汽车的标志，放置在车身正面，如图 4-136 所示。

图 4-135　车前灯的边框

图 4-136　汽车标志

（12）绘制汽车前大灯，注意塑造高光的玻璃质感，如图 4-137 所示。

图 4-137　汽车前大灯

（13）复制一个前大灯，放在右侧对称的位置，如图 4-138 所示。

（14）绘制一个带状白色油漆装饰，并在左侧加上黑色投影，这个投影表达的是引擎盖的轮廓，如图 4-139 所示。

图 4-138　复制前大灯　　　　　　　　　图 4-139　引擎盖的轮廓

（15）同样复制一个对称的图形放置在右侧，这样车身的部分也完成了，如图 4-140 所示。

（16）将挡风玻璃图层和车身图层组合在一起，达到如图 4-141 所示的效果。

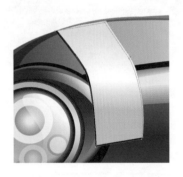 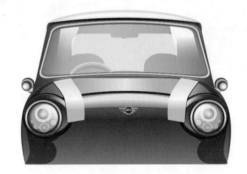

图 4-140　完成车身　　　　　　　　　图 4-141　挡风玻璃 + 车身效果图

四、绘制前脸

（1）下面进行前脸的绘制。这一步骤的效果如图 4-142 所示。

（2）隐藏挡风玻璃，保留车身图层，如图 4-143 所示。

再新建一个图层命名为前脸。在这个图层上用钢笔工具绘制一个如图 4-143 所示的图形，使用渐变填充。

图 4-142　前脸效果　　　　　　　　　图 4-143　车身

（3）渐变的颜色设置和色阶数如图 4-144 所示。

（4）此时隐藏车身图层，只保留前脸图层。

执行菜单命令：效果—风格化—投影，在弹出的窗口设置如图 4-145 所示的参数，以创建一个投影。

（5）得到效果如图 4-146 所示。

图 4-144　前脸渐变设置　　　　图 4-145　投影参数设置　　　　图 4-146　效果

（6）在渐变图形上层绘制一个类似的稍小的图形，用灰色填充，如图 4-147 所示。

（7）同样的方法绘制一个黑色图形，效果如图 4-148 所示。

图 4-147　用灰色填充　　　　　　　　　图 4-148　黑色圆形

（8）绘制一个栅栏，然后复制成一组，放置在最上层，注意每个栅栏个体都有亮面、明暗交界线、暗面和投影，如图 4-149 所示。

（9）复制黑色的图形置于最上层，同时选中所有栅栏创建裁切蒙版，效果如图 4-150 所示。

图 4-149　栅栏　　　　　　　　　　图 4-150　裁切蒙版效果

（10）绘制如图 4-151 所示的图形放置在前脸栅栏之上，这是个装饰物。同样它也有体积、质感和投影需要塑造。

（11）绘制一个如图 4-152 所示的图形作为保险杠，使用渐变色填充。

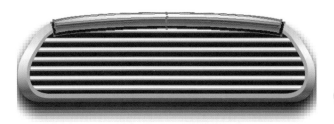

图 4-151　装饰物　　　　　　　　　　图 4-152　保险杠

（12）渐变的颜色设置和色阶数如图 4-153 所示。

（13）选中保险杠图形，执行菜单命令：效果—风格化—投影，在弹出的窗口设置如图 4-154 所示的参数，以创建一个投影。

图 4-153　保险杠渐变设置

图 4-154　保险杠投影设置

（14）得到效果如图 4-155 所示。

（15）如图 4-156 所示在保险杠的暗部绘制图形，并用渐变填充，以塑造出暗部的反光效果。

图 4-155　保险杠效果图　　　　　　　　　　　　　　　　图 4-156　暗部绘制图形

（16）渐变的颜色设置和色阶数如图 4-157 所示。

（17）绘制如图 4-158 所示的图形，并用渐变填充，这是保险杠的明暗交界线。

（18）渐变的颜色设置和色阶数如图 4-159 所示。

（19）在保险杠的亮部绘制如图 4-160 所示的图形，并用渐变填充，以塑造出高光效果。

图 4-157　渐变

图 4-159　渐变设置

图 4-158　交界线

图 4-160　高光效果

（20）这时将完成的保险杠和之前绘制好的部分放置在一起，如图 4-161 所示。

（21）依次绘制前灯和两侧黄色的转向灯，如图 4-162 所示。注意每个灯都创建投影效果，这样才能体现出体积和空间感。

到这里，前脸的绘制工作完成了。

（22）将目前绘制好的部分放置到一起，看到的效果如图 4-163 所示。

图 4-161　放置在一起　　　　　　　　　　　　　　　图 4-162　前脸

图 4-163　挡风玻璃 + 车身 + 前脸效果图

五、绘制底盘和车轮

（1）下面进行底盘和车轮的绘制。这一步骤的效果如图 4-164 所示。

（2）绘制如图 4-165 所示形状，使用径向渐变填充。

图 4-164　底盘和车轮效果图　　　　　　　　　　　　图 4-165　形状

（3）创建一个新的图形，如图 4-166 所示。同时选中它们创建颜色混合。

（4）绘制底盘底部的部件，如图 4-167 所示。

图 4-166　新的图形　　　　　　　　　　　　　　图 4-167　底盘底部部件

（5）绘制车轮挡泥板，使用渐变色填充，如图 4-168 所示。

（6）渐变的颜色设置和色阶数如图 4-169 所示。

（7）绘制挡泥板的高光，使用渐变色填充，如图 4-170 所示。

（8）渐变的颜色设置和色阶数如图 4-171 所示。

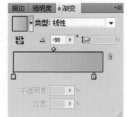

图 4-168　车轮挡泥板　　　图 4-169　挡泥板渐变　　　图 4-170　渐变色填充　　　图 4-171　挡泥板高光
　　　　　　　　　　　　　　　　　　设置　　　　　　　　　　　　　　　　　　　　　　　　　渐变设置

（9）绘制轮胎的基础形状，使用渐变色填充，如图 4-172 所示。

（10）渐变的颜色设置和色阶数如图 4-173 所示。

（11）透明度设置参数如图 4-174 所示。

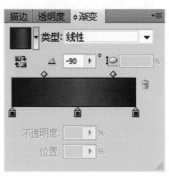

图 4-172　轮胎渐变色填充　　　图 4-173　轮胎渐变设置　　　　　　图 4-174　透明度设置

（12）绘制轮胎的中间面，用黑色填充，如图 4-175 所示。

（13）绘制轮胎的纹路，并创建裁切蒙版，使纹路和轮胎形状吻合，如图 4-176 所示。

（14）将纹路和轮胎叠放在一起，效果如图 4-177 所示。

图 4-175　黑色填充　　　　　图 4-176　纹路　　　　　图 4-177　纹路 + 轮胎效果

（15）绘制一个暗面，加强轮胎的立体感，如图 4-178 所示。

（16）创建一个黑色半透明的阴影在挡泥板的下方，塑造空间和深度，如图 4-179 所示。

（17）将完成的轮胎复制一个，放置在右侧，如图 4-180 所示。

（18）绘制添加一些零部件，在底盘的位置，起到丰富细节的作用，如图 4-181 所示。

（19）绘制一个车牌，创建车牌号等，如图 4-182 所示。

（20）用创建投影的方法，绘制一个投影在底盘的下方，如图 4-183 所示。

（21）这样底盘便完成了，如图 4-184 所示。将底盘和前面绘制好的图层放置在一起，得到现阶段的效果。

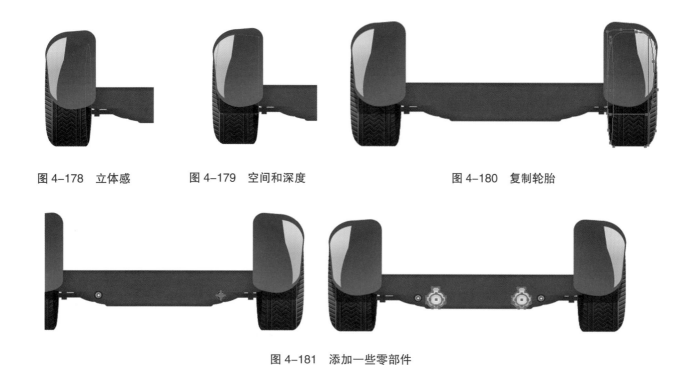

图 4-178　立体感　　　　图 4-179　空间和深度　　　　图 4-180　复制轮胎

图 4-181　添加一些零部件

图 4-182　绘制车牌　　　　图 4-183　投影　　　　图 4-184　挡风玻璃 + 车身 + 前脸
　　　　　　　　　　　　　　　　　　　　　　　　　　　　　　　 + 底盘和车轮效果图

六、绘制雨刮器

（1）新建一个图层，命名为雨刮器，并绘制如图 4-185 所示的效果。由于篇幅原因不分解详细过程，足够的耐心加上之前讲过的技法就可以绘制出来。

（2）复制绘制好的雨刮器，将它们垂直翻转后，改变它们的透明度，得到需要的倒影效果，如图 4-186 所示。

（3）将雨刮器图层放置在最上层，位置摆放好，得到如图 4-187 所示的效果。

图 4-185　雨刮器效果图　　　　　　　　　　图 4-186　倒影效果

图 4-187　挡风玻璃 + 车身 + 前脸 + 底盘和车轮 + 雨刮器效果图

七、绘制天线

（1）汽车图标的大体效果已经完成，现在只差最后一步，绘制天线。

新建一个图层，命名为天线。

使用钢笔工具分别绘制如图 4-188 所示的三个部分。

（2）将天线组合到一起，天线图层放置在最顶层。相应的位置也摆放到车顶上。

接着复制天线的底座部分，将其垂直翻转。放到车窗的位置来表现天线在玻璃车窗上的倒影，如图 4-189 所示。

（3）倒影的不透明度设置为 44%，这样天线便完成了，如图 4-190 所示。

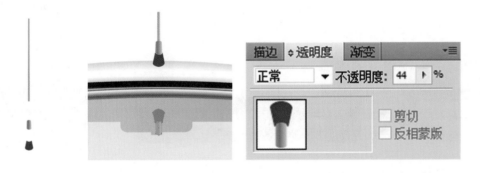

图 4-188　天线　　　　　图 4-189　天线　　　　　图 4-190　不透明度设置

（4）最终的完成效果如图 4-191 所示。

图 4-191　汽车完成效果图

高等院校艺术设计专业『十二五』规划教材

UI设计技法

策划编辑：曾光　彭中军　责任编辑：彭中军　封面设计：**龙文装帧**

ISBN 978-7-5609-9358-4

9 787560 993584 >

定价：58.00元